有料、有趣、还有范儿的香水知识百科

你不懂香水

［日］榎本雄作 著

葛培媛 译

江苏凤凰文艺出版社
JIANGSU PHOENIX LITERATURE AND
ART PUBLISHING LTD

图书在版编目（CIP）数据

你不懂香水 / (日) 榎本雄作著；葛培媛译. –– 南
京：江苏凤凰文艺出版社, 2018.8(2022.4重印)
ISBN 978–7–5594–2504–1

Ⅰ.①你… Ⅱ.①榎… ②葛… Ⅲ.①香水—基本知
识 Ⅳ.①TQ658.1

中国版本图书馆CIP数据核字(2018)第151029号

版权局著作权登记号：图字 10–2018–258

KOSUI NO KYOKASHO: SAISHINBAN AISARERUTAME NO 109 NO TEXT
Copyright © Sachiko Enomoto 2004
All rights reserved.
Original Japanese edition published by GAKKEN HOLDINGS CO., LTD.
This Simplified Chinese edition published
by arrangement with Sachiko Enomoto
in care of FORTUNA Co., Ltd., Tokyo

书　　　名	你不懂香水	
著　　　者	[日]榎本雄作作	
译　　　者	葛培媛	
策　　　划	快读·慢活	
责 任 编 辑	姚　丽	
特 约 编 辑	周晓晗	
插　　　画	@朵朵的岛	
出 版 发 行	江苏凤凰文艺出版社	
出版社地址	南京市中央路165号，邮编：210009	
出版社网址	http:// www.jswenyi.com	
印　　　刷	天津联城印刷有限公司	
开　　　本	880毫米×1230毫米　1/32	
印　　　张	6.25	
字　　　数	132千字	
版　　　次	2018年8月第1版	
印　　　次	2022年4月第6次印刷	
标 准 书 号	ISBN 978-7-5594-2504-1	
定　　　价	42.00元	

江苏凤凰文艺版图书凡印刷、装订错误，可向出版社调换，联系电话025- 83280257

前　言

　　最近，人们对香水的关注度一下子提升了起来。

　　尤其对年轻一代而言，香水几乎变得和手机一样，是生活的必需品。约会、派对等场合自不必说，办公室、校园里，日常生活中喷抹香水已成为常识。

　　不过，人们获取香水知识的途径却少之甚少。多半是杂志上看到的碎片知识，或是香水专家、专业技术人员出的高深莫测的专业书籍。

　　本书对香水相关的基础知识做了整理，并尽可能地做到简单易懂。为了让人们对尚不熟悉的香水产生亲近感，我认为第一步就是要正确了解香水知识。

　　本书主要对一些基础性的知识进行简单易懂地讲解，让你对香水有一个全方位的了解。只要能掌握这些基础性知识，今后就能做到自己独立选香水，享受有香水相伴的生活。

　　香水的鉴赏方法不像数学那样有固定公式，最重要的就是你本人的感受。所以第一次用香水的朋友，请一定亲自为自己挑选一瓶香水，体验一下有香气环绕的生活。已经在用香水的朋友，希望你看完本书以后，能换一种心情享受香水的乐趣。

　　小的时候，我曾经因为顽皮把母亲心爱的"赤箱"香水打翻，弄得浑身香气。听母亲说，被香水溅湿的那身衣服洗了好几回，香气都没褪掉。

就这样，我从青春期开始就对香水着迷，任凭周围人怎么笑话我"娘娘腔""假洋人"，我仍然坚持用香水。

从事与香水有关的工作也是因为自身对香水的那份异乎寻常的憧憬和理想。工作的关系，我结识了很多外国朋友，了解到很多香水资深爱好者的香水心得。当然，我也会和对方分享自己的小心得。

希望《你不懂香水》这本书能够帮助各位读者更加从容地享受香水。

目 录
contents

Lesson 7 香水的神奇魔力

Lesson 8 香水,我想更懂你

Lesson 9　关于香水的其他疑问

after school　卷末指南

后　记

LESSON

1

人人都爱香水达人

1 真的有"万人迷香"吗?

——万人迷香的真面目

所谓"万人迷香",大概指的就是那种虽然人们嘴上不说,但心里其实谁都想拥有的香气吧。

埃及艳后、杨贵妃的例子自不必说,香气曾是那些光彩照耀历史的美人们手中重要的武器。《源氏物语》中,香薰衣物也在恋爱博弈中扮演着重要角色。

香气的魔力穿越了时代,在今天依然熠熠生辉。

香水中,更不乏像纪梵希的"倾城之魅"、爱斯卡达的"触电"、莲娜丽姿的"晨曦曙光"等针对异性而命名的香水。

最近在网上,有很多在售的香水更是直接大力宣传其含有信息素。

喷抹这类香水真的能变成万人迷吗?

　　接下来我会给大家详细讲述。其实人类在感应到信息素时，并非像动物那样会变得兴奋或者厌恶。

　　上古时期的人类祖先是靠四肢爬行的。当时，他们和其他动物一样，嗅觉非常灵敏，所以可能也一度被信息素所左右。但是据说人类在向双腿直立行走过渡的过程中，视觉进化的同时嗅觉却逐渐退化了。

　　随着时代的推移，人脑体积逐渐变大，最终完成了向理性、想象力发挥作用的进化。

　　比如，当我们听到非常热爱的男歌手唱歌时，我们的心会"怦怦"直跳吧？看浪漫电影、读言情小说时，会心潮澎湃吧？穿丝质内衣时，会不会觉得自己那天变得格外性感呢？这就是想象力。

　　实际上，香水的原理和这些完全一样。

　　当你觉得某种香气闻着性感，其实是因为它触发了性感的想象力。这种想象力使得女性由内而外光彩照人，言行举止充满自信。

　　从这一意义上来说，"万人迷香"确实存在。

2 什么是信息素？

——信息素的神秘作用

信息素时常被称为"费洛蒙"。当我们听到"费洛蒙女星""费洛蒙香水"时，往往会联想到性感、情欲。事实上，信息素原本的意思只是"气味信号"。

通过气味告知交配期或者食物的位置，信息素对于动物生存而言是不可或缺的存在。

例如香水中必不可少的麝香香料就是雄性麝香鹿两腿间生殖腺所分泌的气味物质，其味道类似于汗液、尿液。通常，麝香鹿习惯在自己划定的势力范围内独居生活，而只有在生殖期，雄性麝香鹿才会分泌信息素吸引雌性。

另外，蚂蚁在发现食物时，会一边用腹部摩擦地面留下微量的气味（信息素），一边将食物搬向蚁穴。这样一来，其他蚂蚁便会循着气味去搬运剩下的食物。不过，当食物搬完后，为了避免其他蚂蚁白跑一趟，它们便不会再留下任何气味。

这是一种非常好的信息交流手段。另外还有示意势力范围、召集同伴、警示危险等作用。

但非常重要的一点是，信息素是一种只有在同物种生物间才能通用的气味信号。像马和鹿、狗和猴子这样的不同物种间，信号是无法传输的。

当然，人类也有信息素。它们包含在大汗腺分泌出的汗液中。

汗液通常分泌于有体毛的身体部位，尤其是腋下。

　　虽然味道淡到几乎无法引起人们的注意，但是当闻到男性腋下的汗液成分时，女性的生理紊乱会恢复正常。另外，如果有两把椅子，一把沾过男性汗液，一把没有沾过男性汗液，几乎所有的女性都会不自觉地想坐沾过汗液的那把，类似这种有意思的实验报告还有不少。据了解，男性也会对女性腋下的汗液有所反应。

　　据说，人类在进化过程中，视觉神经逐渐发达了，而相反地，嗅觉神经却有所退化。

　　因此，即使人类感应到信息素，也不会像动物那样兴奋，反而会对性感照片、情色文章有反应。

　　也有这样一种说法，如果当某种气味能够引发人们对过去回忆的联想，那么它就会引起兴奋。

3 香气和眼睛一样会"说话"

——仅靠化妆并不够

曾经有过一个调查，比较了世界五大城市女性的"包内物品"。对象为生活在东京、巴黎、米兰、伦敦、纽约的白领女性。

该项调查研究了不同国家女性对化妆这一自我表现手法的态度，结论十分有意思。

结果显示，在东京，携带"口红和粉底类物品"的女性最多，而在东京以外的城市，"眼妆类、口红和香水"以压倒性优势排在前列。

日本人认为"美丽的肌肤、精致的双唇"是女性的魅力所在，与此不同的是，在其他国家，人们认为"眼妆与香水"和口红一样，十分重要。

相比之下，通过让人印象深刻的眼睛、香气，即"视觉"和"嗅觉"两方面进行积极主动出击的欧美女性，要比仅仅通过美丽的肌肤、嘴唇，即"视觉"来展现自身魅力的日本女性更胜一筹。

在与人交谈时，欧美人会牢牢盯着对方的眼睛。一方面是为了确认对方的反应，另一方面则是希望将自己的想法切实地传递给对方。而日本人讲话的时候眼睛容易向上瞟，在人际关系和自我表现中也不愿太明确，倾向于保留暧昧的态度。

但人们在香气方面的意识是共通的。

日本人喜欢若隐若现、恬静的香气，而欧美人更偏爱个性张扬的香水。简言之，对欧美人来说，香水和眼妆是展现自我魅力的必然之选。

　　但是近年来，在日本，以睫毛膏为主的将眼部作为重点的化妆方式也逐渐深入人心。仿佛要与之相呼应一般，身上飘着个性香气的女性人群也增加起来。

　　这一定是因为日本女性也注意到了，除了眼睛，香气也同样会"说话"。

4 摇"香"一变

——为了成为理想的自己

在日本，据说演员在扮演各种角色时，为了进入角色会使用不同的香水。

在某本杂志上，日本女演员大地真央表示自己在饰演舞台剧《乱世佳人》中斯嘉丽这一角色时，就喷了萧邦的"克什米尔"来更好地诠释角色。

据说是因为它在拥有华丽而充满异域风情气息的同时，又甜而不腻，给人一种恰到好处的分寸感。

另外，在主演音乐剧《埃及艳后》的时候，角色有着十几岁到三十几岁的年龄跨度，大地真央为配合埃及艳后人物的成熟度变化，在"克什米尔"的基础上搭配使用了川久保玲的"酷白"、迪奥的"快乐之源"，逐渐渲染甜度和华丽度。

在日本，歌舞伎演员会根据角色需要，选择合适的香水。

日本著名演员花柳章太郎先生在随笔中记述到，男性在饰演女性形象的旦角时，为了营造一种真实的女性感，往往会借用香水。另外，他还回忆到自己作为女官饰演者和六代尾上菊五郎演对手戏时，菊五郎先生身上总是散发出令人愉悦的、男人味十足的气味，让他感受到了男儿本色。

"想被称赞为演技好的演员，还远远称不上是一名真正的演员。"记得这句话好像是出自森繁久弥之口。意思大概是说，如果你想让观众觉得自己演技出色，那你还未彻底进入角色。这句话着实意味深长。

要想感动人们，在彻底进入角色的基础上，还需要做到诉诸心。

"如今，女性对化妆表现得兴致勃勃，不仅仅是因为想要变美，更是因为有着想要发掘自身新魅力，向往成为自己崇拜的明星或名流这样的变身愿望。"某美容杂志编辑说到。

但是，想要变身，仅凭化妆、时尚等看得见的手段是不够的。像演员一样，发自内心地想要彻底成为所饰演的角色是非常重要的。

因而，香水应运而生。

5 体味警报

——如何防止难闻的汗味？

这是我在坐电车时发生的一件事情。中途涌上来一波刚结束比赛的篮球队女高中生。一瞬间，我甚至迟疑要不要换趟车。我并不是讨厌运动员，只是闻不得这类人群身上的汗味。

因为我对汗味有心理阴影。小学三年级的时候，我去学习柔道。但是第一天过去，还没到 30 分钟我就放弃了。蒸腾的汗味充满整个柔道场，我实在难以忍受。我不知道现在是什么情况，当时似乎很多人都不怎么洗柔道服。

中学的时候，我加入了向往已久的篮球队，但是同年冬天就放弃了。因为我无法忍受穿过一回、汗水浸湿的球衣再被活动室火炉烤干时散发出来的气味。

但是让我惊讶的是，这些女篮学生们身上竟没有难闻的汗味。不仅如此，她们所有人都隐隐约约散发着香气。

卡文克莱的"唯一"和纪梵希的"海洋香榭"中似乎还混有类似防臭剂的成分。

我为发现最近高中生出于礼节也开始使用香水这一时代变化而感到欣慰。

原本汗液几乎是无臭无味的，但是随着时间的推移，附着在皮肤表层的常居菌发生代谢活动，使得味道变得难闻。尤其是腋下等潮湿部位，很容易散发气味。

　　为防止异味，炎热天气长时间外出时可以喷点防臭剂，条件允许的话可以带身更换用的衣物。另外，未干透的衣物散发出的恶臭，通过熨烫就能去除一部分。

　　冬季的车内，带着体臭和食物味道的外套散发出的气味，在暖气的作用下尤为刺鼻。建议回到家的时候，把外套好好刷一遍，再挂到通风良好的位置。

6 送个"故事"给对方

——打动人心的香水礼物

我有位貌美时尚的女性朋友。

她是歌剧狂热爱好者加玫瑰控,网球水平也堪比专业选手。除此之外,她英语也特别好,经常给高考备考的考生做英语辅导。她简直是一位超人。

几年前,她想送人香水,问我意见。说是想作为礼物送给刚经历完残酷高考的考生们。

"这帮孩子从小学起到初中、高中,一直就是学习、学习的。我想让他们明白,其实世间还有很多美好的、有情趣的事物存在。所以香水肯定是首选了吧。"

于是,我就帮着她根据每一位学生的特点挑选香水。后来,听说学生和家长都非常高兴,我也觉得特别开心。

话说,自从我的女儿们成年后,我就跟妻子过上了二人世界的生活。所以圣诞节的时候,我们总和处境相同的朋友们互相串门,不亦乐乎。

作为给日常生活增添活力的调味品,我们会偶尔精心打扮一番,开个华丽的派对。不过规矩是"带来的料理必须是夫妻俩合作烹饪的""互相准备礼物,但不能太贵重"。

职业性质的缘故,我被指派了准备"香水礼物"的任务。但是,有一位太太不喜欢香水,这令我很苦恼。

　　第一年，我尝试着给这位太太送了一块和她生日同一年生产的香水香皂。"这块香皂和您同岁呢。"当我把这块香皂送给她的时候，不料，话匣子打开了。

　　第二年的时候，我给她准备的礼物是同一种香味的散粉。她喜欢得不得了，跟我说下回一定送她香水。现在，她已经彻底迷上了香水。

　　因为每个人喜欢的香味都不一样，所以香水被认为是很不好选的礼物。但是，如果按这种逻辑来讲，围巾、首饰也是同一个道理。因此只要参考对方的喜好和形象去选就可以。

　　或者打听一下对方过去的一些趣闻、纪念日等，结合具体情况送一瓶有纪念意义的香水，或者像前面介绍到的那位英语老师一样，送一份出乎意料的"特别"礼物。

　　不是送"物品"，而是送"故事"。我理想中的礼物就应该是这样。

7 香水的魅力

——不只是遮掩体臭

经常听到有人说："日本人很少体臭，不需要香水。"的确，日本人被认为是体臭较少的，而且很爱干净，几乎每天都泡澡。

但是，这并不意味着就不需要香水了。现代香水早已不只是遮掩体臭的工具。香水和时尚一样，是展现一个人的生活方式，张扬个性，让人更具魅力的东西。

另外，香水艺术如同音乐、绘画一般，极大丰富了我们的想象力，时而让我们身处于浪漫的氛围，时而让我们沉浸于性感的情境。

不仅如此，有些香水不仅能让人们的情绪焕然一新，而且在缓解压力等方面也效果极佳。这样的香水，尤其是备受青睐的"治愈系香水"，已成为现代生活不可或缺的一部分。

你一定要感受一下香水的魅力哦。

LESSON

2

香水基础知识

8 香水的种类

——虽然都叫"香水"

在继续往下看之前，我想请大家先了解一下香水的基础性知识。本书中提到的"香水"指的是所有香水制品（fragrance）。指香水（parfum）本意的时候，我会特别说明。

所谓的"香水"，其实根据赋香率，也就是溶于酒精的香料比例，可以分为下列四种类型。赋香率越高的香水，香气程度越深，香气持续时间也越久。时下最流行的是淡香精和淡香水。简单、方便，所以很受欢迎。很多人觉得"浓香水气味太浓"，所以不少人对浓香水敬而远之。然而事实并非如此，浓香水香气程度深、持续时间久，但并不等同于香味浓。浓香水的扩散性甚至比淡香水还弱。还请大家亲自闻一闻，感受一下这其中的区别。

我们应该根据 TPO（时间、地点、场合）的需要，来区分使用不同特征的香水。

香水的一般分类和用途

香水种类	赋香率	持续时间	香味特点、用途
浓香水 / 香精 Parfum	15%~25%	5~7 小时	赋香率最高。香气华丽、程度深,给人一种奢华的印象。 适合正式派对、庄重场合使用。 在几个关键部位适量喷抹。
淡香精 Eau de Parfum(EDP)	10%~15%	5 小时左右	介于浓香水和淡香水之间,香气程度更接近浓香水。 作为普通日常使用的香水,没有特殊场合要求。在每个关键部位喷一下即可。价格比淡香水高 10%~20%。
淡香水 Eau de Toilette(EDT)	5%~10%	3~4 小时	香气轻松自然。 作为普通日常使用的香水, 没有特殊场合要求。可作为浓香水的打底香水搭配使用,香气会更显奢华。
古龙水 Eau de Cologne(EDC)	3%~5%	1~2 小时	提神效果好,香气最自然。 可以在全身任意位置大量喷抹。 运动结束后,涂在毛巾上擦拭身体可以帮助提神。或者刚泡完澡、睡前使用。

9 香水香味的三个阶段
——随时间变化的香水"表情"

通常，香水的香味在彻底消散前会经历三个阶段。

香水中混有多种香料，有的香料香气来得快去得也快，而有的香料香气来得慢却能持续很久。因此，香水会随着时间改变自己的"表情"。香水香味的三个阶段具体如下：

- **前调**……指喷抹后前 5~10 分钟左右的香味，也称"前味"。这个阶段主要是和酒精一样挥发性较强的香料带来的香气。香气特点是冲鼻、刺激性强。
- **中调**……指前调过后 30 分钟~2 小时左右的香味，也称"中味"。在这个阶段，香水中混合的各类香料的香气和谐发散，被称为是"香水真正的味道""香水之心"。
- **后调**……指中调过后，喷抹后 2 小时以后的香味，也称"后味"。主要是香气形成较慢的木材、动物性香料带来的香气。这个阶段的香味会和人的体味混合形成独特的气味，并慢慢消散。

因此，需要记住以下两点：

1. 中调才是香水真正的味道。所以在选购香水时，不要根据前调做选择。而是要等 10 分钟以后，根据中调来选。
2. 请不要在香气刺鼻的前调阶段与人见面。

香水香味的三个阶段

前调	喷抹后 5~10 分钟左右的香味	挥发性较强的香料带来的香气：柠檬、佛手柑、薰衣草、百里香、醛等
中调	喷抹后 30 分钟 ~2 小时左右的香味	香水的核心香气：所有配方香料香气和谐发散
后调	喷抹后 2 小时以后至香味彻底消散	留香性较强的香料带来的香气：木材、橡木苔、香草、动物性香料等

※ 古龙水各阶段香味的持续时间比上表所列时间更短。

10 香水的喷抹方法
——如何让香味维持得更好

香水的喷抹方法没有硬性规定。一般多推荐喷抹在体温高的部位及脉动部位。

有的人会在头顶上方喷香水，然后身体从中穿过。

不过，考虑到微热环境下香气挥发得更好以及香气自下而上挥发的特点，推荐将香水直接喷抹在下列身体部位效果会更好。

- **下半身**：跟腱、膝盖内侧、大腿内侧、腰部两侧（侧腹）
- **上半身**：手腕内侧、手肘内侧、肩部

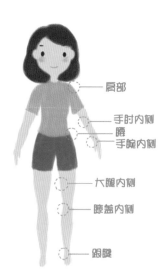

在这些部位各喷抹一下即可。如果是沾式香水，就先倒在手心里，然后轻轻地拍上去，来回擦或者揉都不太好。

耳后也可以涂，但是如果要挤地铁，和他人靠得很近的话，还是不涂为好。

如果将香水涂在胸前或者身体前侧，香气会向上散发到鼻子里，久而久之容易出现嗅觉麻痹，所以需要避开这些位置。

如果是比较浓的香水或者希望香

味朦胧一些，就要减少喷抹的位置。

这时可以选择忽略一些裸露的部位，比如手腕、跟腱、膝盖内侧等。如果这样还是觉得太浓，可以选择只涂腰部两侧和大腿内侧。

喷的时候要离身体部位 10~20cm 左右，这样能覆盖得更好。如果喷完以后感觉皮肤湿湿的，说明离得太近。另外，喷的时候可以放心大胆地摁下去，因为香水每摁一下喷头的出水量都是设计好的。

因为香气过一段时间会消散，所以补喷香水也很重要。这和我们进餐后要补口红是同一个道理。

补喷的时间间隔一般是浓香水隔 6~7 个小时补一次，淡香精隔 5~6 个小时补一次，淡香水隔 4~5 个小时补一次。不过，不同香水香味持续时间也不同，所以可以闻一下手腕或者手肘位置，如果觉得没有香味了就可以补喷。

补喷香水和补妆一样，要尽量避开他人的视线，比如在卫生间的洗手台，给能喷到的部位补喷一下。

如果手腕香水喷多了，可以用水快速地冲一下，冲走前调，香味就会淡很多。

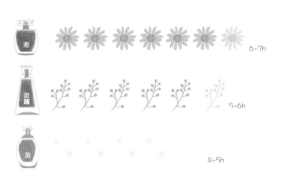

11 丰富的香水制品
——沐浴类香水制品 & 润肤类香水制品

香水制品除了浓香水、淡香水等香水以外，还有泡澡时用的沐浴类香水制品和润肤类香水制品。

这类产品香味和香水一样，但赋香率接近于古龙水和淡香水。多数产品都会用水冲洗掉，所以主要感受它们留下的淡淡清香。

用法要点是：无需混用各种香味的产品，统一选用自己比较中意的香味路线即可。

同类产品选几样喜欢的即可，没有必要全搬回家。

在欧美国家，很多人会在家里备 2~3 种自己喜欢的香味路线产品，然后根据每天的心情轮换使用。

产品主要分以下几类：

沐浴类香水制品 & 润肤类香水制品

	种类	香味特点、用途
沐浴类香水制品	香皂	泡沫细小柔和便于冲洗。有补水效果。不能用于面部清洗。
	入浴剂 & 沐浴露	泡澡、冲澡时都可使用的清洗剂。香气怡神，有补水效果。不可与香皂混用（泡沫会消失）。
	浴盐	可迅速溶于热水。香气充满整间浴室。有暖身作用，可以让皮肤更光滑。
	沐浴精油	可迅速溶于热水。香气充满整间浴室。有暖身作用及补水效果。
润肤类香水制品	身体喷雾	几乎和古龙水一样。洗完澡以后喷在身体上有清凉感。有补水效果。
	润肤乳	润肤保湿、调节肌理。清爽补水，预防干燥。用完后身体有淡淡的香味。
	润肤霜	润肤保湿、调节肌理。补水效果好，预防干燥。适合干燥寒冷季节（尤其是干性皮肤人群）使用。用完后身体有淡淡的香味。
	爽身粉	使肌肤表面细腻干爽。用完后身体有淡淡的香味。推荐在抹完润肤乳或润肤霜之后拍爽身粉。
	香水除臭剂	抑制体臭。香味接近于香水。喷在容易出汗的部位。和香味一致的香水搭配使用效果更好。

12 香水达人必知
——细节知识早掌握

● **香水的价格差异**

香水可以分为浓香水、淡香精、淡香水、古龙水四大类（请参考 27 页的内容）。

各类香水的价格大致为：7.5ml 浓香水约 750 元（约 100 元 /ml）；30ml 淡香精约 360 元（约 12 元 /ml）；50ml 淡香水约 350 元（约 7 元 /ml）；100ml 古龙水约 200 元（约 2 元 /ml）。由此可见，不同类型香水每毫升价格差异较大，并非只是单纯的浓香水稀释后赋香率下降的问题。

例如，浓香水是在 95 度左右的高纯度酒精中溶解加入香料制成的。淡香水使用的酒精度数则在 85 度左右，水的占比较大。香料无法溶于水，所以必须调整赋香率。因此，即便是香味相似的香水，配方也可能差异很大。另外，为了降低成本，有时会考虑使用相对廉价的同类型香料。尽管浓香水和淡香水闻起来味道相近，但两者在香气程度和丰富度上会有微妙差异。

推荐你在购买香水时，不仅要参考价格，香水的这些差异最好也一并考虑。

● 沐浴类香水制品 & 润肤类香水制品小知识

沐浴类香水制品的赋香率和古龙水大致相等。香味持续时间约 2~3 个小时，个别产品可能会更久一些。乳液或润肤霜等因为质地不同，香气的相对停留时间比古龙水更长（不包括沐浴露等冲洗用产品）。

因此，如果你喜欢清淡的香气，可以用沐浴类香水制品代替香水。夏季的时候可以抹一点润肤乳，如果喜欢干爽一点，可以拍点相同香味的爽身粉。冬季的时候可以选用润肤乳或者保湿效果更好的润肤霜。这些产品也能帮助大家在空调环境中预防皮肤干燥。

特别推荐各位和香水一起搭配使用。先用润肤乳或润肤霜打底，再喷相同香味的淡香精或淡香水。两者搭配，香气更温和浑厚，持续时间也更长。

13 女香男香分辨法

——普遍而真实的疑问

香水消费者提的问题中,有一些非常认真而又出乎我意料的问题。

"朋友送我一瓶国外买的香水。上面写着'Eau De Toilette'。'eau'是法语'水'的意思,所以意思是厕所里用的除臭剂吗?"

"之前女朋友让我帮她在免税店买瓶香水。结果买错了,买成了男士香水,惨遭嫌弃。可是香水瓶上根本没有一个地方标注'For Men'啊。"

通常情况下,女士香水会写名称,但往往不会特别说明是女士用。

为了加以区分,男士香水通常会在名称下方标注"For Men"(英语)、"Pour Homme"(法语)、"Per Uomo"(意大利语)等表示男士专用。

不过如果原先是男装时尚品牌或者烟具、卷烟品牌起家的品牌,或者香水名一看就知道是男香的情况下,可能就不会再特别标注了。比如打火机品牌登喜路的"蓝色欲望"、大卫·杜夫的"冷水"、莲娜丽姿的"往日情怀"等香水就没有特别标注男士专用。

最近很多品牌都推出了情侣香水,男香女香同名的情况也有所增多。这种情况下会用"For Woman"(英语)、"Pour Femme"(法语)、"Per Donna"(意大利语)等女士专用的标注加以区分。

例如"欲望女士""冷水女士"等香水。

另外还有其他标注方式，可以参考下表：

男士专用标注词	英语	"For Men" "Men" "Man" "For Him" "Gentlemen" 等
	法语	"Pour Homme" "Homme" "Pour Lui" "Lui" "Masculin" 等
	意大利语	"Per Uomo" "Uomo" "Per Lui" "Lui" 等
女士专用标注词	英语	"For Woman" "Woman" "For Her" 等
	法语	"Pour Femme" "Femme" "Pour Elle" "D'Une Femme" 等
	意大利语	"Per Donna" "Donna" "Per Lei" 等

　　因为是很细节的问题，也没办法或不好意思问别人，所以还是提前记住比较好。

14 你知道自己有体臭吗？

——本人全然不知就麻烦了

　　日本的电视上曾播放过一个名叫《我家的气味》的节目。

　　节目内容是在房型都一样的小区里，将小区居民的眼睛蒙上，然后带他到好几户人家里转悠，要求他从中猜出哪个是自己家。结果每个测试者都答对了。其中的关键就是闻出了自己家特有的气味。

　　无论怎样的房子，都有自己特有的气味。尤其是家里有养宠物或者有小宝宝的，一下子就闻出来了。但是，住在屋子里的人几乎全然不知。平时闻习惯了以后，便察觉不到了。

　　我曾经有一段时间非常迷热带鱼。家里摆了四个超大型号的鱼缸。好朋友跟我说："总感觉你家有一股鱼腥味。"

　　体臭也是这样的。即便是体臭很重的人，自己一天 24 小时都在闻，闻习惯了以后也会全然不知。所以哪怕本人觉得味道不大，也要注意再三确认。

LESSON

3

香水挑选实操训练

15 了解香水的家庭成员
——香水的"香调"家谱

常常有人把邂逅一款喜欢的香水比作遇见另一半。在买到自己喜欢的香水时，喜悦之情难以言表。这足以见得，遇到一款喜欢的香水是一件多么不容易的事情。

如今在日本，市面上销售的香水中女香就有 400 多种，而且每年还不断地有新产品上市。选择太多也是件令人发愁的事。面对五花八门的香水，大家在挑选时往往犹豫不决。

不管三七二十一碰到哪个试哪个，五、六款试下来，结果哪瓶是哪个味儿都分不清了。最后要么妥协，要么放弃。

就像大家族中的小家庭一样，通过对香水的香调进行分类，可以在选购香水时作为参考的关键。"香调"指的是香气的风格特点。根据混入的香料类型以及香味特点，分为"花香型""东方香型"等。

"花香系""东方香调"指的也是香调类型。通常，"香型""香调"的说法更为广泛。后面会介绍"花香型""东方香型"等香调的大类名称。

各类香调有各自的基本特征。了解了这些特征以后，就可以根据时间、地点、场合以及服装搭配来选择相应的香调类型。

接下来会罗列香水各个家庭成员的特征以及各个家庭的成员代表。大家可以在自己喜欢的或平时爱用的香水后面做标记。

最终，标记最多的那一类应该就是你喜欢的香调类型（请参考卷末指南中的一览表）。

在店里选购香水时，可以在自己喜欢的香调中选出三款左右试一试，然后选出你最喜欢的那一款，这样选出的香水就不会出错了。

你喜欢的香调类型其实代表了你的个性特点，而这些个性特点你平时可能注意不到。

● 挑选香水的要点：

1. 对香调进行分类；

2. 锁定自己喜欢的香调，从中挑选出自己最喜欢的。

16 一眼看懂香水家谱

——香水的三大家族和 15 个家庭成员

所有香水基本都是带花香的，只是不同的香料配比使得香味各不相同。正如我们的家族、家庭有自己的家风一样，香水也有各自独特的香调特征。本书根据德国的德之馨公司的国际分类标准对香调进行分类说明。香水的香调分花香型、东方香型、西普香型三大家族。接下来会详细进行说明，这里先简单概括一下三大家族各自的特征。

花香型，顾名思义，花卉香味，给人优雅、华丽的感觉。香味变化跨度大，从清爽的香味到优雅柔和的香味，再到华丽的香味，香味丰富多样。

东方香型指的是"东洋风"，花香中混有大量东洋产辛香料、动物性香料的香气，香味华丽、充满异域风情。

西普香型的名称起源于地中海小岛塞浦路斯岛的法语名，也称甘苔香型。在地中海周边盛产的花卉、果实、树木香料中混入苔藓香料调制而成，香味高雅而又充满个性。

各大家族又可以进一步细分为很多个小家庭。花香调、水果香调、木质香调、辛辣香调、植物（绿叶）香调、柑橘香调等，根据香料的种类命名。来自不同家族的家庭成员特点各异。

我们在描述一款香水的香调类型时会用"家族名"和"家庭名"来进行说明。这种说明方式有助于理解香水特征。例如，水果花香调香水属于花香型、水果香调成员；东方辛辣香调指的是东方香型、辛辣香调成员。

- 香调类型取决于花香中混入了哪些香料。
- 香调的三大家族：花香型、东方香型、西普香型。

17 花香型（三大家族之一）
——香水的前身：花是香水之源

花香型香水优雅、华丽，人见人爱。据说花香型香水在世界香水市场中的份额占到 60% 以上，足以可见它的受欢迎程度。以花香为基调，根据混入的香料类型可细分为 7 个家庭成员。为了方便理解，我做了一张表格。不过最近，表格内相邻香调间的界限变得越来越模糊了。

植物花香调	香味让人联想起青翠欲滴的小草
水生调	香味仿佛水、大气般水润透彻
水果花香调	香甜的水果香味给人活泼可爱的印象
清新花香调	清新的花香味让人联想起生机活力的春天
普通花香调	给人一种优雅、华丽的感觉，是香水的起点
柔和花香调	让人联想起时髦、雅致的花束
甜蜜花香调	让人想到大朵大朵的鲜花，给人一种繁花似锦的感觉

18 植物花香调
——就像拂过草原的清风

1945 年，第二次世界大战结束后不久，法国时装品牌巴尔曼发布了植物花香调香水的鼻祖"绿风"。巴尔曼的这款香水打破往日女士香水甘甜的常规，香味清淡，酷似男香。据说是专门为战后女性设计的，象征着战后积极参与社会活动的女性新形象。

香味印象： "植物"指的是在指尖轻揉小草、树叶时散发出来的香味。草原上、森林中，一阵清风拂过，带来夹杂零星绿叶香味的花香。风信子、嫩叶的香气中夹杂着白松香的苦味，植物香味中还带着几分小苍兰、橘子花清爽、甘甜的香气。自然、活力、干脆利落，富有运动感，是一款城市行动派香水，男女皆宜。

TPO： 香味没有过于女性化，办公、日常都适用。

代表香水： 巴尔曼绿风、香奈儿 19 号、葛蕾歌宝婷、迪奥绿毒、资生堂禅等。

19　水生调
——让人联想到水和大气的清澈香气

　　水生调是当前最新的香调类型。通常被称为"水系""海洋系"或"治愈系"香水。作为独立的一个香调类型，在香水家族中占据一席之地。目前较有力的说法是，卡文克莱于1991年推出的"逃避"是这种香调的鼻祖。

　　香味印象：透明感十足的香气让人联想到万年积雪覆盖的高山，富含臭氧的清澈大气，珊瑚礁即将融化的土耳其玉色水流。最大的特点是其香味酷似西瓜、哈密瓜、黄瓜的香气。颇具亲近感却又令人捉摸不透，帅气又时髦，个性十足。新型合成香料西瓜酮的加入，使得这款香水带有不一样的香味特点，并具有较强的扩散性。

　　TPO：从日常到职场，使用范围较广。由于香味具有较强的放松效果，所以对于工作压力大的职场女性来说，是非常值得推荐的治愈系香调。

　　代表香水：卡文克莱逃避、三宅一生一生之水、阿玛尼寄情男士香水、大卫杜夫冷水女士、卡罗琳娜·海莱拉212冰风暴、罗莎蓝海珍珠等。

20 水果花香调
——年轻可爱的香气

　　20 世纪 80 年代后期，伴随雅诗兰黛"美丽"、秘制配方（PRESCRIPTIVES）"花萼"等香水热卖而诞生的新香调。香味混合了花卉和水果的香气，即便是用不惯香水的女孩子也不会抵触，所以瞬间成为了当时的人气香调。

　　香味印象：花卉的甘甜香味中带着些许酸甜水果香味的水润香氛。最初，香气以桃子及热带水果为主，最近的趋势是以黑莓、蔓越莓等莓果类的浓厚甘甜香味为主。

　　香味最初给人的印象是可爱，紧接而来的树木等香味使得香气变得沉稳。这一变化比喻女性从少女到女人的蜕变过程。

　　TPO：推荐日常使用。平时外出或者派对也可以使用。

　　代表香水：雅诗兰黛美丽、秘制配方花萼、圣罗兰巴黎情窦、迪奥真我、杜嘉班纳浅蓝、爱斯卡达触电迷香、安娜苏我爱洋娃娃、古驰经典同名二代等。

21 清新花香调
——使人想象到春风的柔和香气

清新花香调是最古老的香调之一，其历史可追溯到 1936 年科蒂（Coty）发布的"铃兰木"。迪奥的"迪奥之韵"是清新花香调的代表香水。

香味印象： 乍暖还寒时候，不经意间经过的一家花店，传来一阵阵淡淡的春日气息。驻足细闻，香气中充满柔和、幸福的味道。清新花香调香水以铃兰、豌豆花、小苍兰、栀子花等白色花卉的香气为特点。白色花卉的香甜香味乍见清新，随即似乎又变得甘甜刺激，但绝不咄咄逼人。甘甜度恰到好处。

TPO： 推荐日常使用。香味同时受男性和女性的喜爱，所以是办公室的惯例法宝。

代表香水： 迪奥之韵、纪梵希之水、高田贤三叶子、雅诗兰黛欢沁、汤米・希尔费格同名女士香水、古驰嫉妒、莲娜丽姿晨曦曙光、卡罗琳娜・海莱娜 212、倩碧快乐、拉尔夫・劳伦罗曼史、兰蔻奇迹、浪凡光韵、罗莎洋娃娃等。

22 普通花香调
——跨越时代、备受宠爱的花中之花

　　是香水的起点，最古老的香调。百花妖娆、芳香醉人。每一个女人都满怀憧憬，渴望拥有这花一般的魅力。普通花香调的香气是女性梦想的结晶。

　　香味印象：既有玫瑰、晚香玉等还原单一香味的单花型香调，也有花束般混合各类鲜花香味的混合花型香调。印象特点多为优雅，有格调，女人味十足。香调花卉有很多类，较有名的有玫瑰、茉莉花、依兰依兰、铃兰等。

　　TPO：从日常到办公，从正式场合到追悼会，无论什么场合都能使用的万能香调。正如珍珠首饰可以愉悦心情，这类香调也可以缓解苦恼纠结的情绪。

　　代表香水：让·巴杜喜悦、莲娜丽姿比翼双飞、圣罗兰巴黎、卡文克莱永恒、兰蔻璀璨珍爱、卡朗爱我、高缇耶易碎品、爱马仕鸢尾花、高田贤三一枝花、娇兰樱花、莱俪柔吻、马克·雅可布微温、詹妮弗·洛佩兹故我、纪梵希倾城之魅、雅诗兰黛霓彩伊甸等。

23　柔和花香调
——让想象开花的优雅花香

花香调中混入合成香料脂肪醛，香味程度会加深，扩散性增强。这类香料有强烈刺鼻的脂肪味，稀释后和人体皮肤的气味相近。

香奈儿5号就是大量使用了这类香料。柔和花香调香水于1921年发售，当时正是天然香料的全盛时期，所以并不被看好。后来，"想要研制出比自然花香更好闻的香味"这一香奈儿哲学结出硕果，直至今日，柔和花香调依然以其惊人的人气度稳居全球香水销量榜冠军。

香味印象： 自然的花香调中，加入让香气更加华丽浪漫的香调。香味特点类似于胭脂粉味。

TPO： 日常，稍微打扮，办公室，想换个心情时，都可以使用。尤其适合社交场合使用。

代表香水： 香奈儿5号、浪凡琵音、罗莎夫人、爱马仕驿马车、圣罗兰左岸、芝恩布莎原版白玫瑰、雅诗兰黛白麻、爱马仕之香、杜嘉班纳同名女士等。

24 甜蜜花香调
——宛如一朵盛放的鲜花

花香型中最馥郁的香调，以其香味又带有继花香系之后的一大香型——东方香型浓艳的特点。20世纪初期，因科蒂"牛至"、娇兰"蓝调时光"的问世而一度广受欢迎。之后，由于柔和花香调以及东方香型的挤占而一度停滞发展。1985年，因迪奥"毒药"的发布而再度引爆市场。如今，各大公司又竞相推出签名香水。

香味印象：浓郁甘甜，但又不过于腻味，香味中充满年轻活力的气息。

TPO：派对、餐厅、音乐会时使用这类香调，会格外引人注目。

代表香水：迪奥毒药、宝诗龙同名香水、唐娜·凯伦同名女士、尼歌斯雕塑精致花朵、卡文克莱矛盾、雅诗兰黛我心深处、宝格丽蓝茶、爱马仕胭脂、思琳同名女士、古驰经典同名一代、娇兰瞬间、兰蔻引力、菲拉格慕美梦成真、博柏利风格、倩碧简约等。

25　东方香型（三大家族之二）

——充满神秘气息的异域香气

　　在香水家族中，东方香型香水大量混入了被誉为香料宝库的东方国度——印度、东南亚、中近东等地生长的香辛料、树脂，麝香、龙涎香等动物性香料。自古以来，在欧洲人眼中，东方国度是一片充满梦想和浪漫气息的乐土。香味还原了这片憧憬之地浓郁的甘甜、娇艳气息和独特的异域风情，香气甜蜜厚重、程度深。在他们眼中，香味等同于妩媚女性本身，东方香型等同于情欲。

　　另一方面，对于喜爱淡雅自然香味的日本人来说，东方香型曾一度难以被他们所接受。近年来，使用的人有所增加。其中，既有全球化进程的影响，也有近年来香料技术发展，香味的厚重程度和浓郁有所减弱，香气透明度增加的原因。东方香型香水以龙涎香为主要香料，大致可分为东方琥珀香调和大量使用香辛料的东方辛辣香调两种香调。

26 东方琥珀香调／东方辛辣香调
——撩拨东洋梦想和向往之心的梦幻香气

东方琥珀香调又称"甜蜜东方香调"，香味特点是充满异域风情。多采用生产于中近东地区的传统树脂、乳香、没药以及提取自抹香鲸的龙涎香，常用于冰淇淋的香草等黏稠度高的甜香料，热情、梦幻，充满魅力。

代表香水： 娇兰一千零一夜、卡文克莱激情、娇兰圣莎拉、香奈儿魅力、洛丽塔同名香水、香奈儿邂逅、阿玛尼感受、爱马仕橘采星光等。

东方辛辣香调混合使用了丁香、肉桂、胡椒等火辣刺激辛香料以及动物性香料，另外，还混入了茉莉花、依兰依兰等异域花卉香料。香味印象辛辣干爽。香水包含的香气给人一种男性的印象，同时却又反衬出强烈的女人味。

代表香水： 珍蒂毕丝凡尔赛舞会、莱俪玻璃之水、圣罗兰鸦片、香奈儿可可小姐、阿莎罗欧拉拉、萧邦疯摩、圣罗兰赤裸、唐娜·凯伦黑色羊绒、宝格丽珍宝香氛系列等。

27　西普香型（三大家族之三）

——笼罩着神秘面纱的个性香气

　　西普香型起源于科蒂在 1917 年推出的一款名为"西普"的香水。目前市面上已经停售。以地中海小岛塞浦路斯岛为香味形象原型，混合采用了地中海周边的柑橘类、玫瑰花、茉莉花、雪松等香料，外加橡木苔研制而成。橡木苔通常长在橡树枝干上，其香味类似于干枯树木和土壤的混合香味，微甜、温和。这种橡木苔的香气宛如面纱般笼罩着个性混合香气。

　　独特的香气仿佛茂密森林中流散的雾气，宁静、雅致，又给人几分眷恋、闲适的心境。

　　西普香型香调种类繁多，有西普果香调、动物香调、皮革香调、木质香调、植物香调、柑橘香调六位成员。香味和花香型相近，但橡木苔的朦胧效果使得香味更显沉稳。最近，似乎是由于人们的生活方式变得日益随性，果香调和清新香调以外的香调成员似乎被人们遗忘了。

28 西普果香调
——矜持外表下潜藏着浓烈热情

　　除科蒂的"西普"（绝版）之外，1919年娇兰发布的"蝴蝶夫人"也是西普果香调的代表香水。

　　在当时，正值普契尼的歌剧《蝴蝶夫人》热演以及流行浮世绘。这款香水被认为是反映了当时欧洲兴起的日本趣味。蝴蝶夫人是法国作家克劳德·法尔（Claude Farrère）的小说《战场》中的女主人公，日本女人 Mitsouko 爱上了英国海军将校。香水以 Mitsouko 为灵感来源，香味描绘的是娴静矜持的外表下潜藏着的浓烈热情。

　　香味印象：花卉、水果、木材的混合香味中加入橡木苔的芳香，矜持中又带着几分恰到好处的华丽感。

　　TPO：西普果香调香水是优雅礼服或和服的最佳搭档。但如果是有自身个性的女性，不妨在平时着装中也使用这类香调香水。香味时尚、高雅，在办公室使用也非常合适。

　　代表香水：科蒂西普、娇兰蝴蝶夫人、罗莎女士、圣罗兰 Y、圣罗兰醉爱、莲娜丽姿幸福女人、迪奥快乐之源、让·巴杜恒久喜悦、古驰狂爱、阿莎罗同名女士香水等。

29 西普动物香调／西普皮革香调／西普木质香调／西普植物香调

——遇见就不再错过的香气

这四类香调可以说是西普香型的典型代表，全面展示了西普香型的香味个性。

西普香型十分挑人，略显高冷。但是一旦成为它的俘虏，眼里便再也容不下其他香味，变成它的狂热粉丝。

可能也正是受粉丝狂热度的影响，这几类香调最近很少出新香水。

● 西普动物香调：巧用麝香、龙涎香做佐料，香味格调高雅。1947 年，迪奥屡次推出时尚界震撼之作，先是首款典藏系列"新风貌"，同年 10 月，又推出了首款"迪奥小姐"，在全球大获成功，开启了通往优雅的新大门。

代表香水：迪奥小姐、吉尔・桑达同名女士香水二代、纪梵希依莎提斯等。

● 西普皮革香调：代表作品为葛蕾于 1959 年发售的"倔强"，香水带有皮革气味的神秘香味。在第二次世界大战中，葛蕾夫人在被德国占领的巴黎举办时装秀，模特服装采用法国国旗红、蓝、白三色，旨在呼吁民众奋起反抗。这款香水便由来于此次事件。带有几分男性气息的香氛反衬出女人韵味。

代表香水：葛蕾倔强、香奈儿俄罗斯皮革、吉尔・桑达同名女士香水三代、山本耀司必不可少等。

● 西普木质香调：香味带有清爽的树木香气。1973年，芝恩高堤耶推出的"胡荽"，将兴起不久的芳香疗法应用于香水。香水以怡神效果极佳的芫荽为基调，沁人心脾的芫荽香气中和清新的木材香气，令人心情愉悦。

代表香水：芝恩高堤耶胡荽、古驰经典同名三代、雅诗兰黛尽在不言中、川久保玲同名香水等。

● 西普植物香调：香味让人联想起深绿色的针叶树。1927年，雅诗兰黛发布的"爱丽格"是西普植物香调的鼻祖。在全球对生态日益重视的今天，香气因令人联想到深绿色而引起共鸣，该款香水在美国迅速圈粉。

代表香水：雅诗兰黛爱丽格、阿玛尼同名、莎娃蒂妮真情流露等。

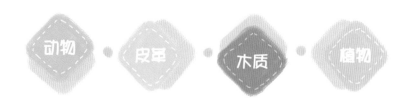

30 西普柑橘香调
——无论何时何地都想用的上瘾香气

摩勒沃兹发售于 1792 年的"4711 原始古龙水",是现存最古老的香水之一。这款中性香水专由橙子、香柠檬等柑橘类香料调制而成,在当时,也被用作兴奋剂和胃药。

当前的主流是宝格丽发售于 1992 年的"绿茶",这款香水因其治愈型香味而广为人知。1994 年,卡文克莱的"唯一"紧随其后问世,凭借其不分人种、性别和年龄的超高人气在全球范围树立了良好形象。

香味印象:清新的柑橘系香气中加入清爽的花香和绿茶香气,香氛清淡而自然。这类香调最大的魅力在于,它能在任何时候,只要你想喷,想换个心情,都能轻松满足你的香味需求。

TPO:适合除正式场合以外的任何时机。

代表香水:摩勒沃兹 4711 原始古龙水、香奈儿水晶恋、罗莎之水、宝格丽绿茶、卡文克莱唯一、帕高同名香水、高田贤三水之恋等。

31 香水的分类名目繁多，究竟哪种说法才正确？

——香水的乐趣在于感受

眼前摆着一瓶香水。翻书查了一下香水种类，是本书中介绍的"清新花香调"。不过另一本书中只写了"清新调"，另外一本杂志里写的是"纯洁芳香型"，网上查到的是"白花系"。没办法只好打电话问品牌公司，对方说叫"清澈花香调"。究竟哪种说法才是对的呢？

其实，每种分类方法都没错，只是叫法不同，指代的意思并没有太大差异。

这一点和音乐的类别划分、时尚的分类很相似。同一类型音乐或者同一个时装门类，出自不同的报纸、杂志，或者不同的讲解员之口，叫法会有所不同。这是因为理解方式、感受方式不同，以及不同媒体为方便读者理解，结合受众对象的年龄、心理而刻意安排的。

感受类物品的分类没有"标准"答案。

32 为什么同一款香水不同人喷香味会不一样？

——气味缤纷

　　闻到别人喷某款香水，感觉味道特别好，自己也试着喷了一下，发现味道完全不一样。

　　这样的事情时有发生。

　　香水喷上身后，香味通常会经历三个变化阶段。从前调到中调，是香水的真正味道，无论是谁都是一个味儿。但是到了后调，由于会和人体的体味混合，所以味道变化很大，即便是调香师也很难做出判断。

　　另外，每个人的体温不同，以及受当天的气温、湿度等影响，香味也会有所不同。甚至，在很大程度上还会因为使用者的时尚路线、性格差异而影响香味印象。

　　公司全体员工集体出席新香水发布会时，通常情况下，无论男女职员都会喷上同一款新香水。有的人闻着飘逸甘甜，而有的人则闻着辛辣性感。所以说，即使喷同一款香水，任何两个人都不可能完全一样。

LESSON

4

达人的香水挑选法

33 先给自己来瓶香水吧

——坚持使用，直到掌握它的
香味本质为止

第一次买香水的时候，往往会因为不知道买哪瓶而纠结很久。可能是因为怕尝试失败吧。不过，即便失败也不要紧，自己看中的也好，导购员推荐的也罢，不管怎样，先入手一瓶吧。但千万别忘记确认香调类型。

买回来的这瓶香水，请每隔 7~8 个小时，反复使用。早起的时候喷一次，下午的时候再补喷一次，另外，洗完澡的时候也喷一次，算下来一天大概喷三次。喷完 30 分钟左右，确认一下香味，观察一下香味随时间的变化情况。洗完澡后喷的那一次，可以在第二天早起醒来的时候确认一下香味。

如果坚持做这样的观察，你会发现很多有趣的事情。"前调很强烈，中调若隐若现""不太喜欢后调的味道""香味出乎意料地清爽甘甜"等等，你会有各种各样的感想。如果方便的话，可以在小本子上做点笔记，和香水名、香调类型等信息记在一起。很重要的一点是，不仅要记录缺点，优点也要一条一条地记清楚。如果只记不满意的地方，就容易忽略香水真正的优点。把这项工作当作日记，坚持一周左右即可。

这样一来，你会注意到自己第一天喷香水的感想和一周后的感想不太一样。当然，也会有为数不多的完全一样的情况存在。因为有晴天，有雨天，有心情舒畅的日子，也有焦虑不安的日子，另外，穿着打扮也会影响我们对香水的感受。我们会总结出自己的结论。

"下雨天也能保持心情愉快""让人心情愉悦,感到放松""这个季节可能还是适合喷更清爽一点的香水""适合西装,但不适合T恤"等,如果你能得出这么多结论来,那你已经称得上是这瓶香水的行家了。可以考虑把这些经验应用到第二瓶香水上了。

买第二瓶香水的时候,记得带上自己做的笔记和第一瓶香水。如果导购员在场,可以把自己的需求告诉他,请他帮忙推荐几款。如果导购员不在场,可以比照着第一瓶的观察笔记来选。买回家以后和第一瓶一样,边用边观察,比较差异。这种方式是通往香水达人的最佳捷径。

对于"已经在用香水,但还是少了那么一点点自信"的朋友来说,这个方法也适用。挑一瓶自己手头在用的香水,记录使用感想,多重复几次。这样一来,香水会慢慢和我们拉近距离。

34 从"这个就行"到"这个不错"
——根据 TPO 需要准备四款香水

所谓香水达人，就是那些总能在恰当场合散发着恰当香气的女性。白天在办公室用的香水和晚上在餐厅用的香水不一样，总能根据各类场合的气氛需要而选择应景的香水。这是因为她们能够熟练驾驭香水，使用时充分考虑 TPO 的需要。

尽管我们都知道香水有各自适合的 TPO，但根据 TPO 需要做好事前囤货却是一件格外困难的事。我们把事前囤好的香水叫作"香水行头"，你的香水行头应该要像你的衣柜一样，有适合各类 TPO 需要的存货。

我们在买衣服的时候，往往会"想买一件百搭的上班穿的衣服""需要买一身在朋友婚礼上穿的派对礼服"等，带着明确的购物目的去挑选。单纯因为喜欢而不假思索买的香水，未必就是适合 TPO 的香水。

经常听人说"我有一堆香水"。但重要的不是你有多少瓶香水，而是你的香水是否符合 TPO 需要。另外，如果你总是凭好恶挑选香水，那么很容易导致的结果就是你买的香水香调都非常相似。这确实是体现自身个性的一种方式，但很难做到根据场合巧妙地区分使用香水。在香水柜台兜了一圈又一圈，最后往往是"这个就行"。

难得去一趟店里挑香水，希望大家还是带着自信满意地说："这个不错！"即便手头的香水不多，但总能在最恰当的时候派上用场。希望大家有这样一套可供自己选择的香水行头。为此，我们首先要做的事情是构思一下自己的香水行头，在脑海中想象一下自己会有哪些 TPO 需要，分别想要呈现怎样的香味效果，确定了这些以后再去选购。

本书根据 TPO 需要将香调大致分为以下四类并加以说明：1. 合规香水；2. 特殊场合香水；3. 随意场合香水；4. 休息场合（治愈系）香水。大家可以以此为参考，结合自身的生活方式、季节感受，准备一套专属于自己的香水行头。别忘了活用上一节总结的经验。

35 根据公司、学校氛围挑选 "合规香水"

——周围的情况也需要考虑

　　这里的"合规香水"指的是如果你是上班族，就是办公室香调；如果你是学生，就是校园香调。在选购香水之前，考虑一下符合日常情况的香水需要满足哪些条件。

　　公司、学校其实是特殊的社会环境，有各自的风格，对着装、言行举止有一定程度的规矩和要求。因此，对于身上的香味，也有不成文的规定，推荐选择中规中矩的香调。尤其是在公司，领导、同事以及客户中各个年龄层的人都有。因此，身上的香味能获得周围这些人的好感非常重要。结合这些方面的因素考虑，合规香水应避免使用太有个性、扩散性较强的香调。

　　可能有人会觉得这样一来是不是就没办法展现自己的个性了？其实不然。即便穿着颜色一样、款式相同的制服，不同人穿，上身效果也不同，细节之处更能体现个人特点。因此，不要把它当成妥协，而是看作在集体中应该遵循的最起码的礼节和原则。

　　从这一角度出发，植物花香调、清新花香调、西普柑橘香调便可以作为最优备选项。这几类香调不仅在男性人群中颇受欢迎，在女性人群中好感度也很高。

　　其次是普通花香调、水生调、水果花香调、柔和花香调，清爽的男香也不错。

　　不过，这几类香调中有个别香调扩散性较强，喷的时候可以减

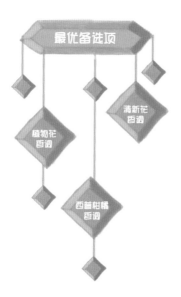

少使用部位，或者避开手腕、脚腕等，只喷衣服能遮盖到的位置，计算一下香味变化时间进行调整。

　　以上是合规香水的挑选原则。当然也有例外。如果你是带领几名下属的领导，或者担任对外谈判工作，经常要和客户交涉以及从事创意性工作，便不在此限。这种情况下，比起中规中矩的香调，我反而更推荐你使用主张自我个性、存在感较强的东方香型和西普香型。

　　在欧美，上述职位的人，不论男女，往往都会喷气场较强的香调。这或许和美国尊重个性的国家特点有关。在善于使用香水的美国民众内心深处，或许还有试图通过香气这一看不见摸不着的隐形力量来给对方压迫感的考虑。

36 隆重场合突显自己的 "特殊场合香水"

——高昂的情绪给人自信

"特殊场合香水"指的是适合隆重社交场合使用的香水。例如婚宴、高级餐厅会晤、剧院、公司重要活动以及正式派对等各类场合。

在这类不同于日常的隆重场合，从着装到妆容、发型，都格外华丽。因此需要搭配使用适合这类场合的香水。这时候如果还是使用往常喷的那款香水，就会显得不搭调，枉费一番精心打扮。

大家是否有过这样的体会，花半天工夫准备，结果一只脚刚踏进会场就怯场了，觉得周围其他女孩子都比自己看起来更光彩夺目。在这个时候，从背后推着我们抬头挺胸的就是特殊场合香水。喷上身的一瞬间，腰便挺直了，随即变得情绪高昂，心情愉快，高度紧张，简直分分钟变女王。只要喷上这样的香水，不管你坐在多么隆重的会场里，都不会胆怯，举手投足间定会展现出自己应有的优雅。

欧美人在选择特殊场合香水时，会默认选择妩媚的东方香型和个性的西普香型。圣罗兰的"鸦片"、娇兰的"一千零一夜"等香水较为出众。华丽丽的存在感使得周围人也不由得情绪高昂。受欧美影响，在日本也常听到这样的声音："社交场合果然还是首选东方香型和西普香型。"可事实到底如何呢？

说实话，我很少在日本的派对或音乐会上闻到女孩子身上喷这类香调，基本还是柔和的香调占主流。这或许和民族特性有关。近年来，虽然在日本使用东方香型的女性人数有所增加，但远未形成气候。一个民族改变对香味的喜好绝非一朝一夕之事。

话虽如此，特殊场合使用平时用的香水肯定是功力不足的。很可能会被华丽的气氛所吞没。因此，即便使用花香型香水，也应该选择存在感较强的，令人印象深刻的，能够拔高自己的香调。

秘诀在于，如果你平时用的是水果花香调，就换成普通花香调；如果你平时用的是柔和花香调，就换成甜蜜花香调。总而言之，换成香味程度更深的香调。

重点在于选择能让自己情绪高昂起来，但又不强势的香调。

37 随意场合香水
——符合自身气质的自然香调

不同于需要顾及周围人反应的"合规香水"和"特殊场合香水","随意场合香水"是那些能让你肩膀放松下来的香调,是为了愉悦自己而喷的香水。

只要是能让自己从容自若、轻松自在的香水都可以用。根据场景大致可以分为以下三类。

1. 便服香水——做家务、园艺、看书、家门口买东西等。

选择符合自身气质,让自己举止自然的香调。

以能让你联想到穿惯的牛仔裤或洗褪色的纯棉衣物的香调为宜。

香调系列:以植物花香调、水果花香调、清新花香调、西普柑橘香调为最佳。

2. 运动型香水——运动、兜风、旅游等。

选择奔放的香调。

以甘甜清爽,恰到好处,明快活泼的香调为宜。

香调系列:以植物花香调、水生调、西普柑橘香调为最佳。

运动场合时,特别推荐使用运动感十足的男香。

男香:兰蔻真爱奇迹、卡文克莱同名男士、雅男士生命、迪奥更高能量、纪梵希海洋香榭冰立方、大卫杜夫冷水男士、汤米·希尔费格 T、雨果博斯优客男士香水、倩碧快乐男士、高田贤三风之恋、雅芳运动能手等。

3. 优雅而又随意的香水——约会、夜游、兴趣班、购物、朋友聚会等。

不要选择过于消沉的香调。

以优雅中带有几分亲近感的香调为宜。

香调系列： 以普通花香调、水果花香调、清新花香调为佳。

夜晚的时候，如果想大胆挑战一下的话，甜蜜花香调或者东方香型也很不错。

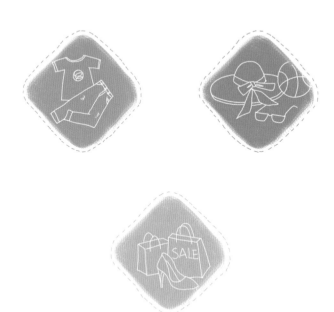

38 休息场合（治愈系）香水
——回归自我的香调

"治愈系香水"家喻户晓。很多人使用香水的契机也是因为"治愈系香水"。

忙碌了一天想要休息的时候，如果被喜欢的香味包围，心情会很舒畅。身心放松，一切烦恼和不愉快都能抛到脑后。

我认为身心放松就是心无记挂，回归真我，回到刚出生时的样子。

第一次使用"治愈系香水"这种说法是在 1990 年左右。在此之前，人们知道香水具有放松效果，但没有明确定义。较难判断哪一款香水才是治愈系香水的鼻祖。

1990 年，在美国首次发布了使用"臭氧"香料的香水，即倩碧的"外袍"、雅男士的"新西部女士香水"。评论都说有治愈效果，但给我的印象是，与其说是治愈，更像是激活。黄瓜、西瓜的香味很浓，给人一种透心凉的感觉。

1991 年登场的卡文克莱"逃避"也是配合使用了臭氧，香水名意为"从现实逃离"，治愈效果和香水名可以说是相得益彰，使我第一次感受到了"治愈系香水"的魅力。

在欧洲，1992 年发布的宝格丽"绿茶"以及迪奥的"沙丘女士"是治愈系香水的前驱作品。尤其是"绿茶"，使用了任何人都能分辨出来的绿茶清香，宣传标语也强调"治愈"，所以特别出名。

　　在欧美，一提到治愈系香水制品，最有人气的要数沐浴类产品。

　　平时忙到随便冲个澡了事，但到了特别疲惫的日子或者周末，他们会选择在自己喜欢的香味包围下悠闲地泡个澡。泡完澡以后，抹上同系列香调的润肤乳，最后再来点香水。香味和泡澡双管齐下，身心得到了全面放松。

　　不过，在我看来，只要自己觉得放松，即便是归到"合规香水"和"特殊场合香水"类的香水也可以作为"治愈系香水"使用。

　　没有特别的推荐。使用能让自己放松的、自己最喜欢的香调即可。

39 香水选购法
——根据中调谨慎挑选

我不太赞成买香水的时候，抓到哪瓶试哪瓶的做法。我们的嗅觉比我们想象得要更容易疲劳，一次只能区分 2~3 种香水。

另外，同一种香味闻久了以后会产生嗅觉麻痹。比如我们在走进一家咖啡厅的时候，浓郁的咖啡味扑鼻而来，但没过多久便察觉不到了。

因此，在选购香水时，最好向导购员描述一下自己的喜好，请他帮忙推荐 2~3 款接近需求的香水，然后再锁定其中一款。

一个人的时候，可以比照眼前的香水，选 2~3 款香味、色泽接近的香水，进行比较，选出自己喜欢的。

无论哪种情况，最重要的一点是一定要试中调。如果中途感觉闻不出味道了，就离开柜台 5 分钟左右，等到嗅觉恢复以后再试。

选购香水时要有耐心。肯花时间才能不失败，请大家记住这个小心得。

40　选择困难时怎么办？

——独门小绝招

选香水选到最后，筛选出来两瓶，摆在眼前，犹豫不决、左右为难。

这样的情况很常见。两瓶都买回家好了，但又没办法这么任性。

这个时候，可以请导购员将香水分别喷到两张试香纸上，然后闭上眼睛，让他不要给任何提示，随机把两张试香纸递给你闻。

在不知道是哪瓶香水的情况下，选出自己更喜欢的那一瓶。方法很简单，但在选香水时特别有效。

前面也说明过，我们人类的视觉比嗅觉发达好几倍。

因此，如果睁着眼睛的话，就会有意无意地受香水瓶、包装盒的影响。另外，还会无意识地观察柜台及周围的场景，留意脚步声和说话声。

而当我们闭上眼睛的时候，哪怕只是一瞬间，才会忘我、专注地和香味面对面。 买回来的香水一定不会让自己后悔。

41 喜欢的香水可以买大瓶的

——2倍容量，1.5倍价格

有一组非常有趣的数据，关于香水瓶体积与销量间的关系。

在香水产业发达的国家，最畅销的是100ml的香水，而在日本，则是50ml或30ml的香水。据说这其中的差异与每次喷抹的用量无关。

从香水的价格来看，50ml的香水价格约是30ml的1.5倍，100ml的香水价格是50ml的1.5倍。按照单位容量的价格来计算，明显是大容量的香水更划算。

在日本，购买小容量香水的人较多，但是在香水产业发达的国家，人们用惯了香水，倾向于购买容量更大一些的香水。

另外，由于香水抹完后5~6个小时需要补喷一次，所以需要分出一部分到喷雾器里方便随身携带。不过最近的香水基本都是喷头式的，转移起来会比较费劲。因为只有先将喷头式香水中的液体倒至其他容器里，然后再用移液管转移至喷雾器这一种办法，所以还是在买的时候顺带买一瓶30ml容量的香水会更方便一些。

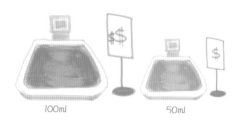

100ml   50ml

42 海外香水采购注意事项
——注意气候差异

对于喜欢香水的人来说，海外旅游的另一大乐趣就是淘国内买不到的香水。

对于一瓶陌生的香水，大家通常都是试过之后再买。但是旅游时，往往时间会比较紧，容易着急，导致只试过前调就匆忙买下了。这里还请注意至少要试过中调以后再买。

如果着急，可以先把香水抹在试香纸或者手腕上，再去买别的东西。只要间隔 10 分钟，就能变为中调，确认中调的味道以后再做决定。

我们对一种香味的感受，会随着气候、风土以及使用时心情的变化而产生较大的差异。例如，欧洲的气候特点是湿度较低，在当地买的香水带回到湿度高的地方使用，往往会觉得味道有点腻。

需要充分意识到这些方面的微妙差异，在选的时候尽量不要妥协。

当你犹豫不决、决定不了的时候，还是不要买比较稳妥。

43 让你不后悔的香水挑选法

——仔细确认香味的变化

你是否有过这样的经历？在店里试的时候很喜欢，买回家以后再用，又发现不喜欢了。

这是因为香水的香味会随着时间而发生变化，因此，仅凭最初的印象去判断可能会导致误判。

而且，香水的香味还会因为使用者本身的体味、体温不同而有所差异。因此，最重要的一点是亲自把香水抹到自己的皮肤上，确认过香味变化后再买。

香水的历史很悠久。在香水已经彻底融入人们日常生活的法国，人们在购买香水时有一个很经典的挑选办法。

当法国人对某款香水感觉很中意时，他们会带一点试用装回去试用1~2天，白天、夜晚坚持用，真正觉得喜欢的时候才会买。

我们倒也不至于非要做到法国人那样，但是在遇到自己喜欢的香味之前，还是建议多花点时间，多尝试几种类型。

44 相信一见钟情
——凭直觉选往往是对的

不经意间路过一个香水柜台，被传来的香味深深吸引，感觉那就是自己寻觅已久的香味。如果大家有这样的经历，请别犹豫，果断买下来。

我一直跟大家说选香水的时候要慎重，不过，凭直觉也很重要。

买首饰和衣服也是如此，觉得很喜欢但却错过了，之后不管再看到什么都不为所动，到最后后悔得不行。这样的事情也是常有的。

和心爱之人相遇又何尝不是如此。如果自己不去主动把握机会，一味地只是默默等待，那么缘分是不会找上门的。

相遇的时候就是"一期一会"。因为眼前的这瓶香水很可能就是你的最爱，是你的 No.1。

和自己一见钟情的香水邂逅，也是一种乐趣。

45 换香水的时间点

——觉得不对味时就是你该换香水了

根据各类 TPO 需要，常备几款自己喜欢的香调，用着用着，突然有一天，感觉味道不对劲了。

这种感觉好似换季、换新装时的感受。女孩子在换妆容的时候也会有类似的感受。另外，在看到杂志上刊登的广告、照片时，也会产生一种买新香水的冲动。

同一款香水用久了以后，会在某一瞬间产生这样的感觉，这也是我们习惯了一款香水的证明。无需参考指南，直觉就会给我们发出信号。

这正是你该换香水的时候。

首先把香水行头里的香水都用一遍，如果还是找不到感觉，就买新香水吧。

46　名香的魅力

——新产品不能作为香水魅力的
唯一评判标准

每当各个公司全力推出某款新产品时，总是表现得格外吸引人。

一瓶香水，浓缩了对时代口味的解读、流行趋势的分析以及艺术性的创造成果。对于新香水，我们总是满怀憧憬。

听香水柜台的导购员说，最近有很多顾客，除了新产品，对其他香水一律不感兴趣。

在欧洲，这样的情况非常多。女儿继承母亲的香水传统，外孙女再继承女儿的香水传统。一个家族内，对同一款香水的喜好代代相传。国内的香水历史虽短，但也有这样的例子。

例如，1921 年问世的"香奈儿 5 号，至今仍稳居世界香水销量榜冠军。另外，比"香奈儿 5 号"早两年（1919 年）问世的娇兰"蝴蝶夫人"，人气也一直居高不下。

那么，这些拥有 80 多年悠久历史，在历经时代、生活方式、流行趋势变化之后依旧深受消费者爱戴的名香，究竟有着怎样的独特魅力呢？

如果你是香水的忠实粉丝，请不要只关注新产品，这些名香的潜藏魅力也等着你去发掘。

47 香水咨询师
——值得信赖的香水专家

不管准备工作做得多充分，真正到了买香水的时候，就又会变得谨慎起来。"这个真的好吗？""会不会有更好的呢？"，一旦犹豫起来便停不下。

这个时候，直接咨询各个柜台的导购员即可。

导购员通常都是这方面的专家。她们要不断接受香水相关的教育和培训，再加上柜台销售经验，接触过形形色色的顾客，通常能给你中肯的意见。

比如在日本，伊势丹新宿店、阪急梅田店等有名的百货商场内，都设有"香水咨询师"，他们能提供各类品牌香水的选购意见，很受顾客欢迎。

这些香水咨询师接受过日本香水协会的课程教育，是通过严格的考试选拔出来的，所以都是香水咨询方面的专家。红酒咨询师会根据和料理的搭配度，推荐合适的红酒。香水咨询师也会根据顾客个人的喜好和预期效果以及 TPO 的需要，从众多香水中筛选出最适合你的香水。

所以当你不知道选什么香水好的时候，可以咨询他们。

48 细化自己的选择方向和偏好

——香水导购员咨询技巧

不知道选什么香水好或者不知道自己适合什么香水的时候，咨询香水咨询师或者导购员是最好的办法。

这时，你需要清楚地告诉他们自己的喜好，用香水的时机、场合以及预期效果等信息。

香味其实很难描述，如果你手头有在用的香水，可以以此为基准，"想要更清爽一点的"或者"想要稍微再甜一点的"等，告诉他们你的需求。

如果是第一次买香水，可以直接把自己的想法告诉他们。这样一来，不光是香水选购方面的意见，他们还会教你一些简单易懂的香水的用法以及香水相关的基础知识。如果出现一些听不懂的香水术语，也不用有所顾虑，直接问他们就可以了。

不介意的话，可以把自己的职业也告诉对方。不是简单地告诉对方自己是"销售"之类的，而是要具体地形容一下你的工作，比如"时尚行业从业人员，对接的客户是年轻的女性买手""接触的客户中上年纪的技术男比较多"等等。这样一来，他们就可以像查字典一样，为你挑选符合需求的香水。

49 我想邂逅属于自己的"王牌香水"

——于万香之中，有幸邂逅了
这样一款香水

我给大家提议过，要根据 TPO 的需要区分使用 4 款不同香调的香水。

不过，另外还有一款香水，也就是"王牌香水"。

这款香水如同一张改变你人生命运的王牌，是能够决定成败的香水。它也仿佛是你人生的护身符。

对我而言，有两款这样的"王牌香水"。

一款是让我疯狂爱上香水、最终从事香水工作的"雅男士"。每当我用这款香水时，香味总是让我回味当初和它邂逅时的幸福感觉。

另一款是"阿莎罗同名男士"。无论什么时候，只要用它，总能赋予我勇往直前的勇气。另外，压力大的时候，或某段时间心情郁闷的时候，它也能让我重新振作起来。

当我站在人生的路口，做重大决定的时候，被逼迫得喘不过气的时候，这两款香水总能平复我的心情，引导我做出冷静的判断。

LESSON

5

美丽秘诀在于
你的香水段位

50 "显瘦"香水和"显胖"香水

——了解香水印象才能更好地驾驭香水

你知道香水中，有的香味"显瘦"，而有的香味"显胖"吗？

当然也可能是你自身体型变化的缘故，但不同的香水给对方的印象差异相当明显。

简而言之，"显瘦"的香水就是给人清爽、鲜明的印象。

从选用的香料来说，比如柑橘系中不带甜味的柠檬、西柚，花卉中带清爽甜味的茉莉花、小苍兰等，草本植物中给人清凉印象的薰衣草、薄荷等，辛香料中的胡椒、生姜，木材中像气味明快的雪松等。这些香料的香味都给人纤细的感觉。

代表性香调有植物花香调、西普柑橘香调。香味清爽、中性，运动感十足，让人联想到清新的少年。

如果甜度稍微再强一些，比如像水生调和清新花香调，也会给人如芭蕾舞女演员般的轻盈印象。

如果清爽感再强一些的话，就是东方辛辣香调。干热的香味印象，让人不禁身心紧张。打个形象的比方，就是类似于穿男装的美女。

不过光有这些印象还是不够的。如果不能与时尚感相呼应就只能起到减分效果。

服装的轮廓造型自不必说，设计、颜色等也能产生显瘦的效果。不过，如果你的体型偏胖的话，就要尽量避免紧身的服装。因为看起来反而会更胖。

相反，"显胖"的香水给人甜腻、柔软的印象。

玫瑰、鸢尾花、三色堇等带有胭脂粉味的香甜花卉，香草、杏仁等甜味辛香料，墨角兰、广藿香等膨胀感较强的草本植物，树莓、黑莓等水果，仿佛被柔软香味包围的檀木、没药等，这些香味都给人丰满的印象。

几乎所有的花香调、柔和花香调都给人蓬松、柔软的印象。水果花香调给人年轻可爱的印象，甜蜜花香调、东方琥珀香调给人以个性、冷静、存在感十足的印象。

不过，如果因为身材消瘦而刻意上下身都穿得很肥大，反而会适得其反。

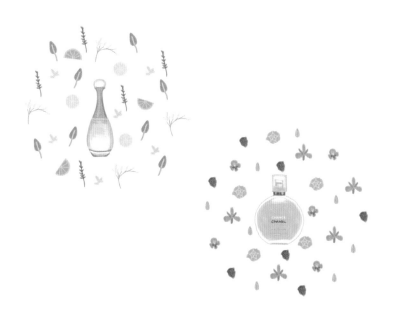

51 香水达人的一天（1）

——白天怎么用香水？

懂得巧用香水的人，身上每时每刻都飘着好闻的香气。

让我们跟踪观察一下这些女性的一天吧。

7:00am 早起洗完澡以后先喷香水

从被窝里爬起来的第一件事就是洗澡。边洗澡边根据当天的行程和穿搭选择要用的香水。穿衣服之前先往身体上喷一遍香水。早起不洗澡的时候，就在穿衣服之前喷香水。

这样一来，吃完早餐出门的时候，香味就已经彻底稳定下来，不会很刺鼻。出门前别忘了把今天用的香水装进包里。

熬夜或者前一天晚上酒喝多了，起床第一件事情是先全身喷一点柑橘系等清爽的香水，然后再迅速地冲个热水澡，立马便精神抖擞。接着再喷上自己想喷的香水。

10:00am 一天中香味最特别的时候

早起喷的香水到这个时候开始由中调转为后调。

可以观察到这个时候香水的香味开始渐渐和体味融合，散发出专属于自己的味道。如果想通过闻手腕部位的香味进行确认，建议

在闻的时候让鼻子距离手腕 10cm 左右。

与此同时，建议大家一定要想象一下这个香味还适合其他哪些场景。甚至可以记一下自己的感想，比如香味如果再淡一点就更好了，或者希望香味的程度再深一点等，作为下一次买香水时的参考。

3:00pm 松口气休息的时候顺便补喷香水

午餐过后两小时左右是突然间着魔般犯困的时间段。可偏偏这个时候又有一堆很重要的会议、课程。干脆补喷一下香水让自己重新打起精神吧。

为了防止前调的香味太明显，可以在洗手间补喷脚腕、手肘，或者腰部等衣服覆盖到的部位。这个时候你可以选择和早起喷一样的香水，或者如果你晚上打算用另一款香水，也可以先用那款香水打个底。

52 香水达人的一天（2）
——下午 5 点以后怎么用香水？

5:00pm 今晚有约会，换成事先准备好的香水

不管有没有约会，5 点以后就换一款香水吧。和早起一个香味的话，总感觉少了那么点趣味。这里经常有人会问我：之前的香味还没消散也没有关系吗？这个问题确实存在，不过如果之前的香水已经处于后调阶段的话就没什么问题。相较而言，还是换一款香水更重要。

11:00pm 作为一天的收尾，用一款自己喜欢的香水

今天又奋斗了一整天，悠闲地泡个澡放松一下吧！洗澡时间是满血复活的黄金时间。今晚奢侈一下用香水品牌的沐浴产品吧。被怡人的香味包围，心情好极了，疲惫感也消失了。

泡完澡以后抹点自己喜欢的香水，然后钻进被窝。不可思议的是令人心情舒畅的香味会飘进你的梦乡，让你在第二天早上神清气爽地醒过来。

53 想闻闻自己什么味儿

——如何知道自己有没有抹太多?

想知道自己什么味儿这件事,好比想看看自己睡觉时的样子一样困难。闻手腕是一个办法,但和自己全身的味道相比多少还是有一些差异的。

相比之下,以下这个方法可能会更好。我们在泡澡、抹香皂之前,会先冲洗一遍全身,或者往身子上迅速淋一遍热水。这个时候,浴室里蔓延开的味道就和你身体的味道很接近。

抹完香水 1 个小时以后,香味便基本稳定,这个时候就可以清楚地知道自己有没有抹太多香水。

如果觉得香味已经基本察觉不到了,或者需要做大幅度的动作才能闻到香味,那你就不必担心自己抹多了。

不过,如果没怎么活动却一直闻到香味,那你可能就是抹多了。

另外,通过观察周围人的眼神和反应,多少也能推测出来自己有没有抹多。

如果还是不放心,建议你在抹香水时略过手腕、跟腱、膝盖内侧等肌肤裸露的部位。

54 在日本，香水如何搭配和服

——根据和服颜色和 TPO 选择，
与日常便服保持品味一致

在日本，穿和服的女性总是显得格外华丽。婚礼上、派对上，每每遇到身穿和服的女性，我的视线总是离不开她们，感慨她们姣好的身影。貌似不仅仅是我，其他男性也是如此。

经常有人问我穿和服时要怎么用香水。其实，没有必要因为穿了和服就特殊对待，跟平时穿便服时保持品味一致即可。

振袖和服的情况可以参考以下搭配方式： 如果整体是粉色系花朵图案的和服，就用普通花香调或者水果花香调的香水。如果是蓝色系花纹，就用清新花香调。如果是现代花式或者颜色比较个性的和服，就用西普香型或者东方香型。

也可以把香水当成是首饰的一类，根据腰带、衬领、手袋的颜色挑选香水，与和服形成对比，会给人一种高雅的美感。

江户褄的情况可以优先考虑 TPO 需要，选用格调较高雅的西普香型香水，比如娇兰蝴蝶夫人、迪奥小姐、葛蕾倔强等，如果想用花香型香水的话，特别推荐以下几款：香奈儿 5 号、罗莎夫人、爱马仕驿马车、圣罗兰巴黎、浪凡光韵、兰蔻璀璨珍爱等。

　　如果穿小花纹等较随意的和服，在选香水的时候跟普通便服一样就行。衣服合身精致的情况下，可以用香奈儿9号、资生堂禅等。如果想端庄一些，可以用雅诗兰黛美丽、卡文克莱永恒等。

　　如果穿的是夏季风景线之一的浴衣，那么首要考虑的就是清凉感。花香型的话，推荐用水生调、清新花香调和植物花香调。西普香型的话，推荐用西普柑橘香调。比如三宅一生一生之水、高田贤三水之恋、葛蕾歌宝婷、倩碧快乐、大卫杜夫冷水女士、魅影月之海、宝格丽绿茶等。另外，卡文克莱唯一等中性香水的香味闻着也很清凉。

　　至于喷抹方法，由于和服与便服不同，里里外外要穿好几层，而且是桶状的，所以如果抹的量太少就不会那么香，但浴衣的喷抹量和便服一样即可。

　　为了在行动的时候下摆、袖口、衣兜等位置带点自然香气，建议沿着腿、胳膊呈线状喷抹，喷的时候注意量要足。最后再在肩胛骨的位置喷一下。这样一来，背后的位置也会带有一点香味。需要注意的一点是，如果在香水还没干之前就穿长襦袢（穿在和服内的长衬衣）的话，可能会留下污渍，所以一定要等香水干了以后再穿。根据个人喜好，也可以用棉花球或者手帕按压一下，让它干得快一些。可以把这些小东西藏在衬领、腰带里。

　　香水虽然是西方文化的产物，但它跟和服格外地般配。果然，美的事物是不分国界的。

55 区分使用"前调""中调""后调"

——如何高效地使用香水？

这件事发生在巴黎，那时我正准备走进一家餐厅。

有一对年轻的小情侣，比我们早一步进餐厅。两人相视而笑，女士正要脱外套时，男士在一旁帮忙。

正是外套脱下来的那一瞬间，飘来了一阵美妙的香气。温暖而又华丽的香味，让人不禁感受到这位女士满满的幸福感。

或许，她倒推过香味变化的时间，使得外套脱下来的时候，香味正好处于中调。

类似这样活用时间差的做法，能够让我们在派对等场合更有效地发挥香水的作用。要有技巧地区分使用香水的前调、中调和后调。

例如在晚宴或者婚宴这类座位固定的场合，基本上从头到尾都很少有移动。在这种情况下，就可以在进入会场前2个小时左右喷抹香水。这样一来，到会场时基本上就是后调了，既不会特别引起邻座人的注意，还能够让自己保持镇静。这一点也适用于座位固定的音乐会等场合。

不过，如果是自助餐，因为要穿过人群，所以还是中调更华丽、更适合。可以在到达会场前30分钟左右喷抹。

一般来说，使用香水的一个原则是：不要在刚抹完的时候，也就是前调的时候出现在人前。之前在米兰的一次家庭派对上的经历，让我印象十分深刻。

健谈的意大利人，再加一群关系特别亲近的朋友聚到一起，高涨的气氛一直持续到深夜。

正当我开始犯困，寻思着是不是差不多该结束的时候，女主人站了起来。可能是刚补完妆的缘故，香水的前调充满了整间屋子。

此时，原本谈兴正浓的客人们，突然好像回过神似的，想起时间差不多了，便纷纷开始准备回家。

在气氛正热烈的时候，女主人用香水代替语言，委婉地暗示各位该散场了。这招实在是太高明了。

56 不愧是色彩魔术师

——意大利夫人的香水经

事情大约发生在 10 年前，意大利一家化妆品公司在博洛尼亚近郊的古城里举行一场盛大的派对。

女主人社长夫人，据说曾经在米兰斯卡拉歌剧院登台表演过，从会场入口到会场气氛、桌椅摆放，各个角落都无不透露出她的审美品位。

在盛装打扮的来宾之间，她身着一袭简约的黑色长裙，格外令人印象深刻。

夫人经过我身旁的时候，我注意到她除了一只钻石手镯以外，没有佩戴其他任何饰品。但她走过来时，带着一阵以晚香玉为基调的诱人、甘甜的香水味。

香水的印象如果用颜色来形容的话，就是粉色，或者是夺人心魄的紫红色。

黑色长裙和紫红色——她让这一过于鲜明而又单纯的配色在周围人的脑海中形成富有时尚感的表现。可谓美得淋漓尽致。

我瞬间便断定这香味源自罗拔贝格的"喧哗"。因为之前我曾把这款香水介绍到日本。

　　据供应商表示，"喧哗"是于第二次世界大战结束后不久的1948年发布的，但因兵荒马乱导致香水的配方遗失了，该款香水也因而被称为"梦幻香水"。20世纪80年代，香水重新问世。除了有一部分狂热粉丝存在以外，一般人不太了解这款香水。不过内行人都知道它，是一款身份隐秘的名香。

　　当她过来向我打招呼时，我不由地兴致匆匆地问道："味道真香。您喷的是'喧哗'吧？"

　　不过她迟疑了一会儿，微笑着回答说："也许是吧。"

　　后来我跟意大利的朋友聊起这件事，结果对方说："你真傻，被你猜中香水名，她觉得非常没面子。即便知道香水名，问对方也是一件非常不知趣的事情呢。"

　　每每回想起这件事，我都觉得很羞愧，但也是非常宝贵的一次经历。

57 新娘的香水

——关于新娘凯特琳娜

2001年7月21日，对于我们夫妻俩来说是一个毕生难忘的日子。

这一天是我们家住米兰的好朋友，一对意大利夫妇的独生女——凯特琳娜结婚的日子。

婚礼在地处瑞士国境线边上，阿尔卑斯山山脚的一个小山村的教堂里举行。包括新郎新娘的亲友在内，前来送祝福的人大概有一百人。

在庄严的管风琴演奏声中，父亲挽着女儿的手走过象征纯洁的白地毯，传来一阵久违的香味。

那是卡夏尔"安妮"的香味。

香水以百合为基调，白色花卉的柔和香气惹人怜爱。这款香水是凯特琳娜高中升学的时候，父母送给她的第一瓶香水。

我想，或许凯特琳娜正是抹这款香水的时候邂逅了新郎。所以，为了表达对父母无言的感激之情，她在婚礼这一天再次用了这款香水。

LESSON

6

恋爱中的
香水小心机

58 千里姻缘一"香"牵（1）
——香水是牵线名人

与爱情有关的香水故事出人意料地多。

直至今日，还流传着这样的故事。过去，在法国的宫廷里，贵妇们会故意把喷了香水的手帕掉落在心仪男子的身边来创造恋爱契机，或者通过一张喷了自己常用香水的空白信纸来传达爱慕之情。

通过香气不经意地向对方传达爱慕，并留下深刻的印象。

我有两个朋友，他们是关系特别亲密的恋人。前些日子，我应邀参加他们结婚 25 周年纪念庆典。

那天，那位女士喷的香水是爱马仕的"驿马车"，而男士喷的是迪奥的"清新之水"。据说两款香水包含了两人的美好回忆。

时间追溯到两人刚认识的时候。他们的公司在同一栋大楼里，第一次见面是在电梯间。男士因注意到女士身上飘来的香气而上前搭讪，两人便以此为契机开始交往。

从那以后，尽管他们平时会用其他喜欢的香水，但是到了结婚纪念日或者生日等值得共同庆祝的日子，他们就一定会喷"驿马车"和"清新之水"。

他们还告诉我，在那些痛苦和困难的日子里，也会用这两款香水，两人互相扶持、共渡难关。

在漫长的岁月里，这两款促成两人相识的香水同时又一直支撑着两人。

看来香水也是制造恋爱契机的好帮手。

59 千里姻缘一"香"牵（2）
——惠子小姐的故事

　　在广告代理公司上班的惠子小姐，据说在和赞助公司谈业务时结识了刚调过来的员工山下先生。

　　一开始的时候她好像不太中意山下先生，后来因为对方工作能力强、做事当机立断才慢慢开始对他产生好感。

　　山下虽然长相不算特别帅气，但因为大学参加过高尔夫球社团，举止灵敏，穿衣打扮很有品位，尤其适合穿西装。而且，身上总是飘着淡淡的香味。

　　有一天，惠子灵机一动，问他："好喜欢山下先生身上的香味啊。用的是哪一款香水啊？"

　　下一次和他会面时，惠子用了同一款香水，宝格丽的"大吉岭茶"。这也成了两人恋情开始的契机。

　　我想，不论你有多喜欢对方，如果不表态的话，什么都不会发生。

60　恋爱中，第一香味印象很重要
——要优先使用自己心仪的香水

　　第一次收到喜欢的男孩子提出的约会邀请，整个人欢欣雀跃，但是不知道该用什么香水才好。

　　推荐在这个时候，暂时抛开对方的喜好，根据 TPO 需要，选择自己喜欢的香水。

　　因为这样能让自己表现得像往常一样从容。对方之所以会心动是因为你的一切，包括你平时用的香水。

　　恋爱之初很关键。与其在后来才慢慢露出真面目，倒不如一开始就展现最真实的自己。这里不仅指香水，包括其他所有的一切。

　　不过，随着恋情的发展，彼此之间慢慢变得没有顾忌，可能会开始对对方用的香水提要求。

　　等到那个时候再开始考虑这个问题就行了。

61 男性对香水的敏感程度超乎想象
——男人们的心声

可能是因为喜欢香水的男性越来越多，我现在出去给人讲授香水知识的机会也变多了。

在一家公司做完培训之后，和一群喜欢香水的年轻男孩儿聊起了女香的话题，他们给出了很多坦率的意见：

"如果是职场用的香水，绝对还是比较喜欢干净清爽的香味。"

"即使带点甜味，也还是比较喜欢清爽的甜味。比如现在很流行的水果香味等。"

"其实只要合适的话，什么香味都行。重点在于怎么抹。如果在办公室里抹得香喷喷的，还是会引起注意的。"

总结起来就是办公室用的香水要干净、清爽，不要过于甜腻，有透明感，香味柔和。

"下班后去约会之类的话，漫不经心地抹点适合 5 点钟以后的香水也不错啊。"

"联谊的时候，妆画得很精致，香水却刚抹上去没多久，感觉这就有点过了。不及格。"

"不知为什么，我特别喜欢那些休息日的时候穿着随意，然后带一点自然香味的女孩子。"

"在高级餐厅用餐的时候，对方如果抹一点古典而又格调高雅的香水的话，我的情绪也会被带动起来。"

关于约会时用的香水，与其在意对方的好恶，倒不如选择适合 TPO 需要的香水。

我顺便问了一下他们对欧美男性喜欢的性感香水代名词——东方香型和甜蜜花香调的看法，他们回答说不反感，但是如果味道太浓郁，来势汹汹的话会招架不住。

近年来，或许是受全球化的影响，日本男性也渐渐地开始变得能够接受甜香水、东方香型了。

62 爱的礼物——香水

——藏在香水中的密语

在工作场合，我会夸身边飘着好闻香味的男性香水很适合他。这时候，对方往往会有些害羞地回答说"其实香水是女朋友送的"。

对于男性来说，收到自己喜欢的女性送的礼物，是一件非常开心的事情。如果送的是香水，每当闻到香味就会想起对方，还能增加亲近感。看着那些男士用着女友、妻子送的香水，一脸满足的样子，我也跟着高兴。

男人不能光看外表，其实他们内心都是喜欢浪漫、容易害羞、单纯、正直的。

在欧洲，香水被认为是最亲密的礼物。他们习惯在情人节、圣诞节、生日、结婚纪念日等日子，一有机会就互相送香水。

这或许是因为香味本身自有魅力。瓶身的美感，命名的含义，背后的理念等香水所传达的形象中，也包含着送香水的人的心声。

在这一影响下，近年来，在日本也有越来越多的人开始送香水礼物。

不过，由于每个人喜欢的香味不同，所以很多人觉得挑选起来比较困难。其实，有一个非常简单可靠的办法。

告诉柜台导购员你男友的大致形象，让他给你推荐三款左右的香水。如果觉得不好意思，可以根据香水瓶或者套装组合形式挑三款左右比较喜欢的产品。然后把它们喷到试香纸上，过个十分钟左右，等香味到了中调以后再进行对比。

　　闻的时候要闭上眼睛，一边闻一边想象男友的样子。当你闻到某款香水时脑海中男友的表情开始转为微笑，那么就是这款了。因为这香味代表了你对你男友的形象期望。

　　当然也可以送对方目前想要的香水。

　　不过，还是像这样的"小惊喜"更有心意。

63 情侣们的专属香水

——香水的和谐之道

当前，情侣香水正成为一大流行趋势。

虽然分为男香和女香，但前提还是情侣间一起用。原则上是指香水名称一样，同时发售的两款香水。

香水瓶设计一般也是相同的，只是颜色有所差异。其中，也有个别设计不太一样，但是风格是一致的。

另外还有像纪梵希的"爱慕"和"浓情"，虽然名字不同但也是情侣香水。雅诗兰黛的"我心深处"和大卫杜夫的"冷水"则是先发售男女香中的一款，几年后再发售另一款。

从中性香水的发展轨迹来看，情侣香水是从 20 世纪 80 年代后半期开始陆续登场的。相传它的原型是 1985 年卡文克莱发布的"激情"。

"激情男士"的问世是因为卡尔文·克雷恩女儿的男友说："香水也想和自己喜欢的女孩子用同款。不过最好名字一样，但香味男女不同。"以此为设计灵感，"激情男士"于 1986 年问世。自那以来，卡文克莱推出的以"永恒"为代表的香水几乎都是情侣香水。

情侣香水最大的特点是男女香味道的绝妙和谐。

为了让两款香水彼此衬托，巧妙相融，从调香的阶段开始就要下功夫，比如混入相同的香料，或者设计成香味比较合拍的香调。

单拿出来也是一款完整的作品，但两款香味混在一起时，就是

1+1 > 2 的效果，这就是情侣香水的魅力所在。

相爱的两个人如果用了情侣香水，彼此间的距离会迅速拉近，气氛变得格外亲密无间。

情侣香水代表（男女香名称一致）： 卡文克莱逃避、香奈儿魅力、高田贤三风之恋、卡罗琳娜·海莱拉 212、爱斯卡达粉红物语、阿玛尼珍钻、杜嘉班纳同名、博柏利情缘、兰蔻奇迹、汤米·希尔费格 T、古驰狂爱、鳄鱼同名香水、三宅一生一生之水等。

64 情侣专属的原创配对香水
——香水配对高级篇

情侣香水讲究香味间的和谐感，不过香水段位高的人士可能还会想要跨品牌地去自由尝试各类香水，自主地对香水进行配对。

首先来了解一下自主配对香水的基本原则。

对两款香水进行配对的时候，既要讲究香味的和谐感，还要遵循对女香起到衬托作用的男香香味要略微收敛一些的原则。

其次是具体的配对方法。

以男香或女香为基准，尝试搭配三款异性香水，然后在其中选出香味最和谐的那款作为配对香水。

（示例）

① 准备女香一瓶，男香 3 瓶（反之亦可），试香纸 6 张。也可用剪成 4~5cm 宽的纸巾代替试香纸。

② 把香水分别喷到不同的试香纸上，放置 10 分钟左右。3 张女香用的试香纸香味一样。

③ 分别选取女香和男香用试香纸各一张，记住各自的香味。接着将两张试香纸叠放在一起，闻一下混合之后的香味。

④ 同样地，将剩余的两张男香用试香纸和女香进行搭配和尝试。

⑤ 在 3 个组合中选出最和谐的一组。

作为参考，本书为大家介绍以下三种典型的组合类型：

① 喜欢清淡香气的自然风情侣："柔和渐变"

② 喜欢高雅香气的高贵情侣："对比撞色"

③ 喜欢个性香气的戏剧性情侣："融合相生"

以此为基准，根据情侣类型和 TPO 需要，自主地对香水进行配对。正如色彩搭配游戏一样，两个人一起挑选会相当有意思。

65 喜欢清淡香气的自然风情侣

——香味相近的"柔和渐变"

爱好自然，喜欢户外，热爱运动。一起旅游，一起健身，一起做园艺，一起散步。生活方式贴近自然的情侣们，可能比较适合轻松、淡雅的香味。

我想了几种香水组合，试图通过浓淡不同的柔和香气来表现感情亲密的情侣间那种不分彼此的关系。如果用颜色来打比方的话，就是从淡奶油色到翠绿色，或者从浅蓝色到深蓝色等柔和渐变色。

配对示例

TPO	女士	男士
商务场合	罗莎蓝海珍珠	浪凡蓝悦
随意场合	纪梵希沁蓝	兰蔻真爱奇迹
特殊场合	詹妮弗·洛佩兹闪亮之星	马克·雅克布同名男士香水
休闲场合	宝格丽白茶	高田贤三风之恋

66 喜欢高雅香气的高贵情侣

——相得益彰的"对比撞色"

时髦洋气的都市情侣。

时而出双入对地进出商场、餐厅，受邀参加家庭派对；时而静静聆听音乐，轻轻碰撞红酒杯。

这类情侣可能比较适合优雅、浪漫的香味。

用颜色来打比方的话，就是粉色和蓝色，白色和绿色等对比强烈而又互相衬托的搭配方式。

配对示例

TPO	女士	男士
商务场合	古驰嫉妒	迪奥更高能量
随意场合	杜嘉班纳同名女士	雅男士生命
特殊场合	高缇耶易碎品	莲娜丽姿往日情怀
休闲场合	阿玛尼寄情水	卡文克莱真理男士

67 喜欢个性香气的戏剧性情侣
——戏剧性组合的"融合相生"

两个人都喜欢富有激情的事物。

如果男生是个歌剧控,那么女生就是
个摇滚控。如果男生是喜欢足球的那一类,
那么女生就是喜欢插花的那一类。兴趣爱好截然不同的两个人,却
相安无事地走到了一起。这是因为两个人都互相尊重彼此的个性。

对于这样一类崇尚自由的情侣来说,在香气选择上也更适合
个性化组合。

看上去似乎很不登对,而当两个人相互走近时,香味互相融合,
产生戏剧性变化。如果用颜色来打比方的话,就是群青色和浓茶色,
朱砂色和紫色的组合。风马牛不相及的两种事物,结合后却产生了
绝妙的协调感,令人不可思议。

配对示例

TPO	女士	男士
商务场合	卡罗琳娜·海莱拉俏丽	香奈儿魅力男士
随意场合	雅诗兰黛白麻	大卫杜夫冷水男士
特殊场合	娇兰圣莎拉	拉尔夫·劳伦紫标
休闲场合	爱马仕鸢尾花	圣罗兰 M7

68 跟米兰人学"高级秀恩爱法"

——用香水品味人生

事情发生在我应邀参加米兰一对意大利夫妇的家庭派对上。

男主人是位体态文雅的绅士,他的夫人是位高贵优雅的淑女,俩人非常般配。

因为男主人夸奖我们夫妻俩用的香水味道很和谐,所以我们聊起了香水的话题。顺便提一下,我妻子用的是"罗莎女士",我用的是"阿莎罗同名男士"。

听说他平时晚上用的是娇兰的"遗产",但那天晚上他夫人用了娇兰的"圣莎拉",所以他换了一瓶拉尔夫·劳伦的"马球"。

他告诉我,为了衬托"圣莎拉"天鹅绒般的触感和丰满,他觉得相比选择同类型的"遗产",不如用带有深沉干爽木质香味的"马球"来对比烘托。

在米兰,我们经常会和他们夫妇俩一起去听歌剧或音乐会,时常惊叹于夫妻俩和谐的穿着搭配和巧妙的香味组合。与其说他们积淀了漫长的香水使用经验和传统,倒不如说他们通过香水传达出了玩味人生的心境。

69 卧室里的香水

——性感绝不止东方香型这一种

在很久以前，香水是用来刺激感官、共度良宵的春药。

麝香、龙涎香、丁香、没药是自古有名的春药香料，当权者为了得到回春妙药，东奔西走，不惜付出巨大代价。时至今日，大量使用了这类香料的东方香型仍然是人们用于卧室里的香水的不二之选。

但是，有的情侣喜欢浓郁的香味，而有的情侣喜欢清淡的香味。所以，只有两个人都觉得舒适的香味，才是最适合的。

我们平时在泡完澡以后会抹一点香水，然后房间里便充满了前调的香气。精心准备的卧室香氛便会被破坏。为了防止这种情况发生，我推荐大家在泡澡结束后用香水制品代替香水。用自己喜欢的香味的沐浴露洗澡，然后在泡完澡以后抹上相同香味的润肤乳等。或者也可以采用这种方法，在泡澡前全身喷上香水，然后迅速地冲洗掉。这样一来，淡淡的香味就会从身体里自内而外地散发出来。

LESSON

7

香水的神奇魔力

70 芳香又健康的生活

——看不见摸不着的芳香对人的
身心大有裨益

在古代，还没有药物和化妆品的时候，草本植物深受人们喜爱且被频繁使用。从草本植物的花瓣和枝叶中提炼出来的天然精油中，蕴藏着能够调理身心、唤醒活力的神奇力量。

舒缓身心疲惫，具有安眠效果的薰衣草；有美容、镇静效果的玫瑰；放松效果显著，增进食欲的柠檬等，各类精油多达 200 余种。

在欧美，这种利用草本精油进行医疗应用的自然疗法被称作"芳香疗法"。20 世纪 80 年代后期，芳香疗法这一概念被传入日本，目前已广泛普及。

香水、化妆品中就混有各类具有芳香疗法功效的精油。因而，商场上开始大力宣传香水、化妆品的这一功效，但往往有夸大其词之嫌。

这引起了美国食品药品监督管理局的重视，他们随即发布警告，禁止在化妆品、香水类产品中使用类似于能够治疗疾病的表述。

为了区别于芳香疗法，美国香料贸易协会提出了"芳香心理学"的概念。

● **芳香疗法和芳香心理学的区别**

芳香疗法（Aromatherapy）是法语芳香（Aroma）和疗法（Therapy）的合成词。法国化学家盖特福赛在一次实验中不小心被烫伤，情急之下他立即抓起放在一旁的薰衣草精油涂在伤口上，结果没过多久，伤口就痊愈了。这次偶然的经历促使他开始研究由来已久的草本疗法，并于1927年出版了一本名为《芳香疗法》的书籍进行专门介绍。

芳香疗法是指用100%浓度的天然植物精油对身心不调进行治疗。在法国和英国，通常需要在遵照医生的处方下使用。

而芳香心理学（Aromacology）则是法语芳香（Aroma）和心理学（Psychology）的合成词。特指香水、化妆品的芳香在不知不觉中对身心产生正面影响。如今，随着脑医学的发展进步，芳香心理学的科学性也开始逐步得到证明。

我们通常又把芳香疗法和芳香心理学合称为"芳香效果"。

71 芳香对心理的影响

——芳香对心理的影响原理

令人愉悦的芳香能让人情绪稳定，心情舒畅。相反，闻到令人不快的气味则会影响情绪，让人心烦意乱。

气味为何会对人的心理产生如此不同的影响呢？

如果你了解气味和大脑的关系，就会明白其中的原理。

我们每个人都有五种感官。其中，除嗅觉信息以外的视觉、听觉、触觉、味觉四种感觉信息，在被感官感知到之后会转化为电波信号，然后最先被传输到大脑皮质的新皮质。

新皮质是人脑在进化过程中形成的最为发达的部分，它控制着人的本能，是大脑执掌理性的区域。新皮质中布满神经细胞，记忆在这里形成，所以人们才会有类似于"这是一朵粉色玫瑰""这是他喜欢的曲子"等认知。

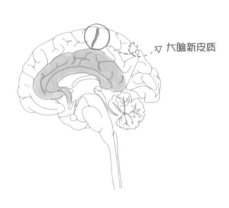

▽ 大脑新皮质

接着，这些信息会被传输到大脑边缘系统的古皮质。

大脑边缘系统又被称为"动物大脑"，喜悦、悲伤、愤怒、恐惧、喜欢、讨厌、愉快、不快等动物本能情绪产生于此。在这里，会出现带个人感情色彩的认知，比如"这花真美""旋律好浪漫"。

而唯独只有嗅觉信息不经过大脑皮质，直接被传输到大脑边缘系统。即不经过理性、记忆的过滤，直接调动人类的感情。正因如此，嗅觉被称为人本能的动物感觉。

比如，当我们走在路上，突然飘来美味的食物香味，嘴里就会不自觉地分泌出唾液，还可能会觉得肚子饿。然后我们才会做出判断，原来是烤鳗鱼的香味。

这是因为我们在做出是鳗鱼的认知判断之前，先出现了觉得食物美味、想吃东西的欲望。也就是说，嗅觉是在视觉感知、理解并产生认知前，调动人的感情的。

在日常生活中，当我们感到情绪低落、悲伤难过时，强烈推荐大家利用令人愉悦的芳香来切换心情。

72 芳香效果和精神调节

——芳香是心灵之药

在参与某个项目时认识的团队里有一位非常出色的女性。工作不但效率高，而且准确无误。思维非常敏捷，好创意一个接一个。

这么说大家可能会觉得她是一个一本正经的工作狂。事实上，她很开朗、干脆，和她共事很愉快。

当我问起她的秘诀时，她回答说，当工作进展不顺利的时候，她会下意识地喝点果汁或者抹点柑橘系的香水来转换心情，好让自己又能迅速地集中精力。

我过去的德国老板，是一名男士，他在开会的时候，桌子上必须摆一瓶罗莎的"罗莎先生"。当想不出好主意或者无法当场作出判断的时候，他就会在脖子周围、手腕喷抹香水来切换心情。

清新的香味不仅使他的情绪焕然一新，对周围在座的人也起到了转换心情的效果。

或许是受此影响，从那以后，每当我想事情或者开会犯困的时候，就会不自觉地去闻抹了香水的手腕。

我通常会根据每天的 TPO 需要喷抹不同的香水。

因此我朋友说："如果不管哪种类型的香水都有效果的话，那就是心理暗示了。"

但我认为这还是芳香效果。也许是心理暗示，但只要能让我抖擞精神，那么对我来说它就是"心灵之药"。

　　在下一节，我会根据自己的体会和看法，推荐几款适合不同状况的具有芳香效果的香水作为大家的参考。

　　不过，对同一香水的感受因人而异。所以建议大家尝试各种香水，找到属于自己的"心灵之药"。

73 帮助缓解焦虑和压力的香水

——喜欢你，没道理

家人、朋友常说我是没有一点压力的人。其中甚至有人说："因为你把自己的那份压力都转嫁到周围人身上了。"

我自己倒是觉得自己和别人没什么不同，也会感觉有压力，不过可能是因为我不会一直耿耿于怀。更确切地说，可能是因为我比较健忘吧。

在家办公的时候，我经常会到附近的林子、公园里散步。家附近的自然环境保留得挺好的，公园里树也很多，所以算是森林浴吧。

出差的时候，也会抽时间散会儿步。在巴黎、米兰出差的时候也会出去走走。下意识地朝着绿树成荫的地方走去。

我想，我之所以没有什么压力，很大程度上归功于短暂森林浴带来的功效。

这么说来，我喜欢的香水似乎也是雪松、檀木等基调的木质香调香水以及混有清凉草本的香水居多。

过去，我喜欢阿玛尼同名男士、阿莎罗同名男士、雅男士歌剧男主角、纪梵希绅士等香水，最近我常用大卫杜夫冷水男士、思琳同名男士香水、雅男士生命、爱马仕洛卡巴、吉尔·桑达同名男士香水等。

为了缓解焦虑，我觉得使用自己喜欢的香水是一个很棒的方法。因为用自己喜欢的香水，能让情绪变得昂扬，也就不去在意那些鸡毛蒜皮的小事了。

从芳香心理学的角度来说，女性使用大量混有玫瑰、茉莉、晚香玉的香水有助于减压。此外，如果还混有薰衣草、薄荷等草本植物香料，效果就更好了。

作为给女性朋友的参考意见，我推荐这几款香水：高缇耶易碎品、高田贤三一枝花、迪奥真我、莱俪柔吻、资生堂绿色解放、娇兰瞬间、雅诗兰黛霓彩伊甸等。

74 帮助集中注意力的香水

——通过辅助体操来提升效果

在电脑前伏案工作久了，肩膀会僵硬，眼睛会酸得睁不开，最后视线也会变得模糊不清，错字漏字接二连三。想法统一不起来，同一内容经常打好几遍。

这是由于疲劳而导致的注意力低下。

这个时候建议大家站起来伸伸懒腰，眺望一会儿窗外。眼睛迅速睁开，停顿 10 秒，然后再紧紧闭上，停顿 10 秒。上述两个动作为一组，重复 2~3 次。接着，将身体重心转移至前脚掌，做屈膝运动 20 次。最后，肩膀分别向前、向后转圈 10 次。

结束之后，将柑橘系香水喷至手心然后深呼吸。这时注意脑海中要想象嘴巴也在闻香水，然后深深地吸一口气。

大家有没有觉得放松一点了？

这是我平时常用的快速缓解疲劳、集中注意力的方法。

全身的血液循环得到促进，眼前突然变得明亮起来。

我平时会用"摩勒沃兹 4711 原始古龙水"或者"爱马仕橘绿之泉古龙水"来帮助自己集中注意力。因为都是中性香水，所以女性朋友们也能用。

从芳香疗法的角度来看，柑橘系香水具有抖擞精神和集中注意力的功效。

大家可能也注意到了关键的一点，即不仅要喷抹香水，还要搭配辅助体操。在辅助体操的积极帮助下，香水的芳香效果更佳。

　　另外再给大家推荐几款香水：卡文克莱唯一、帕高同名香水、雅诗兰黛我心深处、兰蔻绿茶舒活、爱马仕地中海花园等。

75 解除怯场的魔咒
——巧妙运用香水的暗示效果

你是否有过这样的经历？当众自我介绍或者在重要会议上发言时，因为过度紧张而脑子一片空白，或者浑身发抖。

即便是二十世纪最伟大的歌剧女王、女高音歌唱家玛利亚·卡拉斯，每逢公开演出的时候也会极度紧张。

我很喜欢歌剧，所以经常会去观看演出。我发现即便是资深歌手，刚开唱的时候，声音基本上也都放不太开。随着演出的推进，然后才慢慢地变自然。想必这里既有声带没打开的生理层面原因，也离不开精神上紧张的原因。

我有位朋友打了很多年高尔夫。飞行距离和方向都没问题，但就是差了点意思。据说是因为过度紧张，肩膀不自觉地使劲，所以发球总是不太理想。

去年圣诞节，我送了他一瓶雅男士的"生命"。香水里留了张纸条："如果喷抹这款香水，你会变得像网球选手安德烈·阿加西那样把输赢看得很重，并全力以赴，发球时肩膀就不会僵硬了。"结果效果很显著。

尽管我参加过各类演讲，但还是每回都会怯场。即便是讲很熟悉的话题，最初的开场白还是磕磕绊绊，有些混乱，有时候自己也不知道自己在说些什么。所以为了让自己能够冷静下来，更镇定一点，我一定会喷抹香水。

倒也不会指定非要用哪一款。演讲开始的早上，我会选一瓶自己想抹的香水。我过去常用"阿莎罗同名男士"，最近"思琳男士""雅男士生命""冷水"用得比较多。

我通常会在演讲开始前一个小时左右抹点香水来缓解紧张，如果心跳还是很快的话，就干脆在鼻子下面抹一点。

女性朋友可能不太适合在鼻子下面抹香水。推荐大家在耳后抹一点，喉咙的位置也可以。请在临上场前抹。

女性朋友通常可以选普通花香调或者清新花香调的香水。另外，甜蜜花香调和东方香型的香水能够振奋情绪，个人觉得也不错。

参考香水：香奈儿邂逅、古驰狂爱、兰蔻璀璨珍爱、纪梵希粉红魅力、娇兰瞬间、雅诗兰黛霓彩伊甸、圣罗兰巴黎、宝格丽蓝茶等。

76 夜晚的安睡香氛
——香水和沐浴类香水制品的功效

我大约是在 1980 年左右了解到芳香治疗的功效。当时我在巴黎出差，由于时差原因困得不行，在吃晚餐的时候不小心睡着了。

第二天有人送了我两瓶具有芳香治疗功效的沐浴精油。

当我想早点入睡的时候，就用薰衣草为主调的精油泡澡；当我想保持清醒的时候，就用混有薄荷的精油泡澡。效果时好时坏，有时候会很有效，有时候则不太起作用。不过在我拿到褪黑激素（安眠药的一种）之前，多亏了它们的帮助。

据说，早在古埃及时期就已经有了改善失眠症的香水制品。相传是从树脂中提取没药，混合以针叶杉、柏树、藏红花、杜松子等香料调制而成的一种名为"西腓"的香水制品，具有唤起睡意、缓解忧愁的效果。

看来酣然入睡是人类亘古不变的愿望。

芳香治疗中，人们比较熟悉的能够起安眠作用的香料有薰衣草和橘子花瓣。用香炉或者用纸巾、棉花浸湿放在小器皿中，然后摆放在卧室里，不失为一种好办法。

我认为抹一点能让自己心情放松的香水也能帮助睡眠。

如果同时还想美容护肤，推荐大家可以尝试用香水品牌公司产的润肤乳或润肤霜。在享受淡淡香味的同时，又包含保湿成分，一觉醒来肌肤格外水润。"美女是睡出来的"这句话真是一点儿不假。

宝格丽绿茶、伊丽莎白雅顿绿茶、高田贤三水之恋、菲拉格慕同名女士香水等治愈系香水通常是首选，但我认为其实和香调关系不大，只要是自己觉得放松，有安眠效果的香水或者护肤类香水制品都行。

77 我想重返那一天

——顺境香水的威力

千禧年将近的那段日子，身边的人大多都变得有些坐立不安。

那段时间，我也每天忙得团团转，尽管晚上加班到深夜，却依然完成不了当天的工作计划。

有一天，一起突发事件让一切变得更加棘手。起初是因为懒得换衣服，觉得泡澡也很麻烦，对平日里爱喝的红酒也提不起兴趣。去医院做了全身检查，也检查了脑部，没查出什么原因。心想可能是由于压力太大导致的暂时性抑郁吧。

就这样忧郁了一段时间后，有一天，我试着抹了一点"阿莎罗同名男士"，抹完以后就觉得心情愉悦了一点。

于是我开始坚持用这款香水，慢慢地，情绪恢复正常，人也渐渐变得有精神了。

回想起来，这款香水是我年轻时特别爱用的一款香水。当时的我对工作充满热情。

那时的我在进口香水的贸易公司上班，负责引进新品牌，干劲十足。经常去国外出差，然后会认识各种新朋友，发现各种新事物。也是在那个时候，我把奇安弗兰科·费雷、克里琪亚等意大利香水品牌首次引进日本市场。

阿莎罗就是其中一个品牌。我个人非常喜欢"阿莎罗同名男士"的香味，而且这款香水不分 TPO 和季节，任何时候都能用，非常方便，所以我工作的时候基本都用这一款。

　　这款在我人生最充实的日子里常抹的香水，在我抑郁的时候又帮助我重获斗志和希望。

　　所以，当大家觉得压力大或者萎靡不振的时候，可以试试当初状态好时喜欢用的香水，也许会有帮助。

78 唤醒记忆的香气

——普鲁斯特效应

我经常听人说自己在街上和别人擦肩而过的时候，对方身上的味道让自己回想起过去喜欢过的人。

这种因为闻到曾经闻过的味道而开启久违的记忆的现象被称为"普鲁斯特效应"。

法国作家马赛尔·普鲁斯特在他的小说《追忆似水年华》中，讲述了主人公把玛德莲蛋糕浸泡在红茶里，一口气吃下的画面，然后清晰地回忆起儿时住过的家，家附近的道路以及小镇的样子。于是便有了"普鲁斯特效应"这种说法。

对于我来说，墨香就具有这种效应。

我上小学的时候练过毛笔字。到老师家的第一件事情就是磨墨。磨墨时，我总是一边磨一边望着院子正中间的小池塘和绣球花。

直到现在，每当我闻到墨香，还是会回忆起老师家的小池塘和绣球花。

之前，我给"川久保玲二号女士"香水做采访报道时，在现场闻到了混着墨香的香味，当场记忆匣子就打开了。因为它唤起了我儿时磨墨时的回忆。

20 世纪 80 年代后期，芝恩布莎的"白玫瑰"（现名：原版白玫瑰）在日本很畅销。香水的香味让人回想起过去的香粉、胭脂粉，味道令人难忘。好几位买了这款香水的女性给我写信说了同样的感想，"香味让我想起小时候被母亲抱在怀里的感觉"。这应该也是普鲁斯特效应吧。

不过，有关味道的回忆不全都是美好的，有的可能也会勾起小时候不愉快的经历。

曾经有人因为小的时候生病卧床，母亲总是抹着香水出门，留她孤零零一个人在家，所以她就特别讨厌那款香水。

顺便讲一下我自己。我讨厌鱿鱼干的味道。出去旅游或者参加节日庆典的时候，如果夜市里飘着鱿鱼干的味道，我总是绕道走。因为鱿鱼干的味道总让我想起小时候因为吃太多鱿鱼干而得了急性胃炎的痛苦经历。

79 高度进化的芳香效果
——用香水制品减肥、美白和生发

用香水制品减肥，用香水制品美白，甚至用香水制品生发。如今市面上，很多活用了芳香效果的香水制品备受关注。

众所周知，资生堂"美体再造香薰活力喷雾"和嘉娜宝的"VITA ROSSO"身体啫喱是减肥香水制品的鼻祖。两款产品都是基于香味和大脑之间的关系研制而成的，先后于2002年发布。

资生堂经研究发现了西柚等水果的香味具有活跃交感神经从而达到间接燃烧脂肪的芳香效果和抑制中性脂肪堆积的药理效应。嘉娜宝则发现树莓的香气成分"树莓酮"具有抑制皮下脂肪分解、燃烧、吸收的作用，并以此进行了产品研发。

经过各类临床实验的检验，这些效果最终得到了证实。

此外，嘉娜宝还在2003年成功研制出对引发黑头和色斑的黑色素能够起抑制作用的香水制品，并发布了利用芳香进行美白的"EX WHITE AROMA"系列护肤产品。产品配合使用了玫瑰、天竺葵等香气成分，具有美白功效。

2004年，嘉娜宝又发布了生发香水制品"芳香护发精华素（HAIR ESSENCE AROMA）"。

困扰女性的脱发、发量稀少、白发等问题，多数是压力过大引起的。因此，这款产品中包含了玫瑰、依兰依兰、柑橘等能够促进毛发生长发育的香气成分，此外还加入了能够缓解压力的香料，不仅具有生发效果，还能预防脱发。

　　和欧美一些香水文化底蕴深厚的发达国家不同，日本的香水历史尚浅，研制的香水往往被认为是欠缺深度，离艺术还有一段距离。

　　但对于美国香水集团于 1986 年提出的"芳香心理学"，反应最积极的却是日本的化妆品公司。它们不仅秉承艺术心态对待香水，更开始了对科学揭开香水神秘力量的不断挑战。而这些努力如今也陆续得以大放光彩。

　　如今，这些香水制品站在芳香心理学应用的最前沿，它们的未来备受期待。

80 为了一场精彩加倍的音乐会

——香水让音乐会更陶醉

我非常喜欢听音乐会。通常歌剧和古典音乐会去得比较多，音乐剧、芭蕾、吉普赛歌舞、民乐、津清三味弦和太鼓也很爱听，总之就是一点也不挑门类。电影、能乐也非常喜欢，如果是歌舞伎表演的话哪怕是只能看一幕的票我也会立马飞奔过去。

大约在 20 年前，我开始意识到自己对舞台的感动深受香水的影响。眼睛观看、耳朵聆听的同时，嗅觉也在接受刺激，于是觉得光影和音乐的震撼效果也被放大了似的。

自那以后，每当我去听音乐会，总会根据音乐会内容选用合适的香水。也只有在这个时候，我会抛开服装搭配和 TPO，优先考虑音乐会内容选香水。

歌剧的话，如果看《阿依达》就抹香奈儿的"力度"，如果看《卡门》就抹圣罗兰的"鸦片"。"鸦片"虽然是女香，但它有助于我理解卡门的激情。

古典音乐会的话，如果是莫扎特的音乐会，就抹香味明快细腻的宝格丽"大吉岭茶"或者卡文克莱"唯一"；如果是贝多芬的音乐会，就抹香味厚重华丽的娇兰"阵雨过后"或者梵克雅宝"沙皇"。

即便是在国外，只要有好的音乐会，我也会想方设法地去听。

曾经有一次，我在飞往巴黎的飞机上看到杂志里介绍说有《激情探戈》的公演，于是我一到酒店马上就托人帮忙买门票。因为它让我回想起之前看《阿根廷探戈》时的感动。

　　轻快的节奏中回荡着略带哀伤调的班多乃奥琴声。女演员高开衩的黑色舞裙下露着她那修长而又白皙的腿，盘绕在男演员黑色西服上。为了配合激情四射的探戈舞台，我打算抹一款更醉人的香水前去观看。

　　我径直赶到附近的香水商铺，抹了点高缇耶的"裸男"。诱人的檀木香味和沁人心脾的薰衣草香味形成鲜明对比，再辅以薄荷特有的清香。在"裸男"的助兴下，我感受了一场激情四射的探戈表演。自那之后，我听探戈舞曲的时候也经常会用这款香水，因为它总能唤起我当时感受到的来自舞台的那份感动。

　　看电影的话也会根据电影的内容选用香水。如果是爱情片，就抹清新花香调；如果是动作片，就抹给人动作敏捷印象的男香。赏玩香水是一件非常有趣的事情。

81 香气和颜色的美妙关系
——为什么会偏爱某款香水的香水瓶呢？

香水柜台上摆放着琳琅满目的香水。其中，最吸引你的是哪一款香水的香水瓶呢？

- 手里拿着淡粉色浪漫香水瓶的人，大多处于单相思或恋爱中。
- 选择浅蓝色造型简单香水瓶的人，可能有点疲劳，需要休息。
- 喜欢深粉色或者深蓝色线条干脆香水瓶的人，通常是万人迷，或者渴望受到周围人的关注。
- 喜欢绿色香水瓶的人，通常每天都很开心，或者渴望自己变开心。
- 最近红色香水瓶多了不少。选择红色香水瓶的人，通常很活跃好动，或想让自己变得更精力充沛。
- 选择无色透明香水瓶的人，往往是自然爱好者，或者渴望转换心情。

在选香水的时候运用色彩心理学，一定程度上可以了解自己当时身心的"营养"诉求。同时，如果还能从香水瓶中想象出里面的香水味，就更有意思了。

LESSON

8

香水，我想更懂你

82 酒精的发明促成香水的诞生
——香水的历史

在古代，就有人将原本用于祭祀神灵的香料涂于皮肤表面以寻求美和愉悦，而后渐渐地，又发展成了我们今天用的香水。

如今的香水都是将香料溶于酒精后制得的，其原型配方可追溯到 14 世纪匈牙利女王伊丽莎白的"匈牙利之水"。而香水诞生的契机则是阿拉伯人发明了酒精。

相传，当时年过花甲的伊丽莎白女王于某一天看到波兰国王的画像之后一见钟情。于是，她拜访了深居山林的隐士，请求他帮忙想办法。隐士便给了伊丽莎白女王"匈牙利之水"的配方，并告诉她，只要她每天早晚坚持喷抹"匈牙利之水"，脸上的皱纹便会渐渐消失，人也会变得心情开朗、神采奕奕。女王听从了隐士的建议，并最终得到了波兰国王的青睐。

"匈牙利之水"是由迷迭香溶解于酒精制成的，即古龙水的原型。

我们把天然香料称为"精油"。众所周知，油性成分物质不溶于水。因此，为了制得香水我们需要加入酒精来帮助其溶解。在酒精被发明出来以前，埃及艳后克罗巴特拉、古罗马独裁官恺撒等，都是将香料直接涂在身体上使用。

另外，据说当时的印度王族会在每天早晨泡澡结束后，用混有茉莉花、罗勒、沉香、松树等各类香料的香油进行全身按摩。

　　在日本的平安时期，人们也有使用香料的习惯。但和其他国家不同，他们并没有把香料直接抹在皮肤上，而是通过焚香来对衣物或者屋子进行熏香。这种做法有点类似于如今的室内芳香剂。后来又逐渐发展成了"香道"。也就是说，在日本，香料的使用和茶道、花道一样，是被作为一门兴趣加以发展的。因此，日本人起初对于直接喷抹在身体上的香水并不熟悉。

　　早期的香水，配方很简单，仅由几种香料调配而成。渐渐地，香水中混合的香料成分越来越多，慢慢演变成现在成分复杂的香水。

　　现代香水的起源可以追溯到 20 世纪初，但在当时，香水还只是一部分上流人士专属的奢侈品，真正在一般民众间普及则是在战后，距离现在仅仅 60 年。

83 如果没有玫瑰
——百花女王 & 香气女王

玫瑰素来以其华丽优美的花姿而被称为"百花女王"，同时，又凭借其芳香兼获"香气女王"的美誉。玫瑰的香味几乎无人抗拒，香料的相容性强，添加少许便能让香味整体柔和起来，是不可或缺的香水原料。

玫瑰香料的使用历史悠久，自古以来便深受人们的喜爱。

相传就连让古罗马独裁官恺撒、政治家安东尼拜倒在石榴裙下的埃及艳后，也几乎浑身散发着玫瑰香味。到了罗马时代，玫瑰被作为奢华的象征，不仅被用于制成喷抹身体的香油，花瓣还被泡在洗澡水、红酒中，甚至被用作烹饪时的调味料。据说在古罗马暴君尼罗的宴会上，会客厅铺满厚厚一层玫瑰，有来客因为被埋在玫瑰堆里而窒息身亡。

距今约 200 年前，是玫瑰历史的分水岭，往前是"古典玫瑰"，往后是"现代玫瑰"。玫瑰就是赫赫有名的拿破仑的皇后约瑟芬在全世界搜罗各类品种的玫瑰，经过一轮又一轮复杂的人工繁殖后得到的新品种。如今，我们在花店购买到的玫瑰基本上都是现代玫瑰。

香水中多使用"大马士革玫瑰"和"千叶玫瑰"两种古典玫瑰。

被土耳其商人推广开的保加利亚的大马士革玫瑰，其特点是香味宛如麝香般华丽温和。而千叶玫瑰的产地则在法国南部的格拉斯一带，香味特点是甜度深、持续时间长。

　　每一朵玫瑰都是靠人工采摘的，由于玫瑰的香气会因为气温上升而消散，所以采摘时间仅限于黎明至上午这一时间段。萃取 1 千克大马士革玫瑰精油需要耗费 5 吨花瓣，因此价格极为昂贵。另外，由于需要大面积的土地和较高的人力成本，现在，在埃及、摩洛哥、土耳其、中国等地也有大马士革玫瑰的栽培基地。近年来，随着香料合成技术的迅猛发展，除上述两种古典玫瑰之外，越来越多的玫瑰香料被创造出来。

　　几乎所有的香水都会用玫瑰做香料，但在浪漫风潮盛行的当今时代，市面上大量销售着充分调配了玫瑰香料的香水。

　　名香中包含浓郁玫瑰香味的香水有: 香奈儿 5 号、让・巴杜喜悦、圣罗兰巴黎、资生堂自然白玫瑰、兰蔻璀璨珍爱等。

　　最近推出的玫瑰味香水有: 斯特拉同名女士、纪梵希粉红魅力、莱俪柔吻、桑丽卡玫瑰之露等。

84 香水调制法
——从构思到成品

香水是怎么调制出来的呢？

调制香水的人被称为"调香师"或者"NEZ"。"NEZ"在法语中是"鼻子"的意思。

香水并非是调香师单纯地将各类香料混合在一起偶然调制出来的东西。

构思是调制近代香水的第一步。也就是说，你的构思要符合时代对理想女性形象的要求。

在构思时要从女性的性格、想法、职业、时尚、兴趣、爱好，甚至要从与男性的关系、生活方式等各个角度展开预设，建立形象模型。

第二步是基于构思的形象模型确定合适的香调。

例如在 20 世纪 70 年代，走上职场的女性开始增加，基于这些女性群体的形象调制出了"香奈儿 19 号"。香水的香调为甜度适中的植物花香调，以此来表现积极活跃在职场上，与男性并肩作战的女性形象。

到了 20 世纪 90 年代，随着科技革命的不断推进，女性压力大的呼声急剧高涨。为此，宝格丽专门推出了香水"绿茶"。为了满足女性对治愈效果的期待，香水混入了柑橘系和绿茶香料，香味十分清新。

构思和香味印象确定下来以后，就轮到调香师登场了。调香师在调香的时候需要将平时积累的知识和经验活用起来，一边考虑香味间的平衡、香味各自特点、扩散性、持续时间等特性，一边进行嗅觉创作。

据说，莫扎特、贝多芬在作曲之前，脑海中已有成型的音乐在回荡。调香师也是如此，他们在调香之前，就已经"闻到"香水成品的香味了。

调香师为了调制出心目中的香味，需要反复调试，甚至还会参考专家、普通人的意见，不断进行试错直到成功为止。

在此期间，还需要根据构思和香味印象确定香水瓶、包装、名称等，所以一款香水产品问世往往需要花上一年，甚至两年、三年之久。

85 香水进化史（1）
——从天然香料到合成香料

现在，香水的生命之源——香料的世界，正发生着翻天覆地的变化。

调香师们目前所使用的香料中，天然香料约有 200 种，而合成香料的种类则多达 6000 余种。

最近有这样一种说法，由于调香师把精力都倾注于如何巧妙地活用合成香料，使得天然香料已然退化成了佐料。

天然香料是指从自然界的动植物中提取的香料。其中，植物性香料是从各种花瓣、果实、种子、根、茎、叶、干、苔类中萃取的。而动物性香料仅有采集自麝香鹿的麝香，抹香鲸的龙涎香，灵猫的灵猫香和海狸的海狸香四类。

合成香料主要是从石油、石炭等中采集而来。最初，市面上的合成香料多为天然香料的仿制品，但是最近出现了很多闻所未闻的新香料。稀缺性使得这类合成香料的价格有时甚至高于天然香料。

但当前天然香料的供应量是绝对不足的。与天然香料的可采集量维持不变或呈现减少的趋势相对的是世界范围内对香水需求量的增加。每年都有 300~400 种新香水问世，每款香水的发行量往往又多达几万、几十万瓶。

20 世纪初，当人们谈到玫瑰香味时脑海中浮现的还是天然香料。采集玫瑰花瓣，然后通过水蒸气蒸馏或使用溶剂的方式来提取

精油。不过，如果仅靠花瓣提取的话，提取 1 升玫瑰香料需要消耗大约 3 吨红玫瑰花瓣，白玫瑰花瓣则需要消耗多达 5 吨。外加每朵花都需要人工采摘，并收集花瓣，所有流程都涉及人员费用，所以在当时，天然玫瑰香料的价格一直居高不下。

　　玫瑰香料不仅是香水的主要香料，同时也是香皂、化妆品的主要香料，因而需求量非常大。在这样的背景之下，日渐成熟的合成香料技术应运而生。

　　此外，香水中不可或缺的麝香、龙涎香等动物性香料在如今也基本依靠合成技术供给。1973 年通过的华盛顿公约明文规定禁止采集麝香、捕杀麝香鹿。采集自抹香鲸的龙涎香也因为严格的捕鲸限制使得天然香料供不应求。

　　这不禁让人想起 1921 年发售的"香奈儿 5 号"。香水在当时由于大量使用了合成香料醛而饱受诟病，如今看来，其先见之明不言而喻。

86 香水进化史（2）

——潜能无限的合成香料

香味程度深的同时又具有透明感。

在背后推动这一趋势的是种类超过 6000 余种的合成香料。

20 世纪 80 年代，"顶空分析法"①这一具有划时代意义的技术革命兴起，借着东风，香料合成技术也实现了跨越性发展。

想必大家都听说过"鲜花香气（Living Flower）"这个词，它是利用顶空法，在盛开的鲜花上罩上胶囊容器，然后对花朵周围散发出的香气进行采集、分析和再现。

利用这一技术，即便是珍稀植物的香味，或者是迄今为止被认为无法再现的金属、橡胶、石器、玻璃的香味，都能进行再现。

如今，顶空法开始得到进一步的大规模应用。

将巨大的胶囊容器绑在气球上，随着气球飘到人迹罕至的热带雨林、高山上空采集气味信息，或者采集拂过雄伟景观处的风的气

注：①顶空分析法 (Headspace analysis) 是将固体或液体样品挥发性成分的蒸气相进行气相色谱分析的一种间接测定法。

味信息，通过这一方法开启探索未知香料世界的大门。

例如古驰"狂爱男士"的主要香料成分就源于飘荡在热带雨林上空的原始气息"灰麝香"。

资生堂的"精选"则使用了再现美国犹他州阿尔比恩高原初夏之风香气的香料。

同样地，雅诗兰黛的"霓彩伊甸"再现了英国世界最大植物园"伊甸园工程"园区内名贵花卉的香味。

另外，还有更加雄伟的项目。在 1998 年发射的发现号宇宙飞船内，日本女航天员向井千秋将带去的"一夜成名（Overnight Sensation）"玫瑰进行培育，并将开花后的香味进行采集，带回地球。据说，开在宇宙的玫瑰花，香味丝毫不逊于地球，甚至更加馨香。

资生堂的香水"禅"，其实就是这朵"宇宙玫瑰"的香味。

87 香水进化史（3）
——依托新技术打造的理想香料

如今，顶空法在软件层面也在实现进一步的技术升级。

例如，玫瑰花的香味在一天之中是不断变化的。黎明前带着露珠的玫瑰和沐浴正午阳光的玫瑰，香味存在着微妙的差异。

因此，可以通过对胶囊容器内的玫瑰花香气进行24小时监测，蹲点采集所需时间点的香味信息。

天然玫瑰的香气约由600种成分构成，其中包括了浓郁腻味的成分以及浑浊不清的成分。通过去除这些成分，可以得到理想的玫瑰花香味。

利用这种方法调制出了高透明度的玫瑰香味、惹人怜爱的玫瑰香味、辛辣的玫瑰香味等。无论何时，总能创造出符合一款时代诉求的理想玫瑰香味。

香味辛辣的"纪梵希粉红魅力"就混合了各种玫瑰花香。

另一方面，合成麝香也是一大功臣。

麝香的作用是让香味容易消散的花香留香时间更持久，并使之具有广泛扩散性，除此之外，还给香味平添了几分性感，是香水不可或缺的一大香料。但是，这种香料原本来源就十分稀少，且合成难度大。

在这样的背景下，致力于研究人工麝香合成技术的化学家鲁齐卡于1939年获得了诺贝尔化学奖。

　　由于受华盛顿公约的约束，麝香的获取变得更加困难，但这也恰恰促使了人工麝香合成技术的进一步发展。现如今，已有花香调麝香、木质香调麝香、水果香调麝香等一系列高透明度的人工麝香被研制出来。

　　另外，通过对几种麝香进行混合，还可以创造出香味风格完全不同的新型麝香，进化的脚步永不停歇。

　　同样地，高透明度的人工龙涎香也被创造了出来。"娇兰瞬间"如梦幻般的香味中就混合了高透明度的"水晶龙涎香"。

88 花的诱惑

——晚香玉的秘密

怡人的花香总是给人以幸福的感觉。然而，花的香味在一天之中并非一成不变。

比如玫瑰，清晨带着露珠的玫瑰和正午的玫瑰，无论是在香味感觉方面，还是在浓度方面都有所不同。

香料之王茉莉花，完全依靠人工采摘，采摘时间限定于凌晨 4 点至早上 9 点。这是由于随着太阳位置的逐渐升高，香味趋于减弱。

晚香玉的特点是白昼时香味格外清纯。正如晚香玉"月下香"这一别名所形容的那样，夜里，它的香味会变得格外扰人。据说在法国，人们不允许年轻女子在日落之后靠近晚香玉花田。

因此，即便是同一种花，其香味也会随着时间的推移而产生细微的差异。最近，合成技术的迅猛发展使得再现各类风格的香味成为了可能。

高缇耶的"易碎品"，淡香精是夜间晚香玉的香味，而淡香水则是早晨的香味。还请感兴趣的朋友闻一闻，比较一下其中的差异。

于是，莱俪将其在珠宝饰品领域掌握的精湛技艺应用于香水瓶制造，向批量生产造型复杂的香水瓶发起挑战，并大获成功。

莱俪设计出的第一款香水瓶就是 1909 年问世的"仙客来"。

嬉戏于华丽的仙客来花朵间的裸体少女形象将莱俪的新艺术风格展现得淋漓尽致，装在其中的香水，销售也一路走俏。

科蒂的这一成功尝试使得其他香水制造商也纷纷追随，一时间，香水瓶的视觉化路线得以大幅推进。

91 香水瓶

——香水瓶传达出的香味信号

战后在世界范围内兴起的香水热潮诞生了一款又一款新香水，与此同时，瓶身设计师们也得到了前所未有的关注。

以"罗莎夫人"为代表，推出了日本印盒主题代表作"鸦片"、纪梵希"海洋香榭"等为数众多的香水瓶杰作的领军人物皮埃尔·狄能德；设计了纪梵希"金色年华"、纪梵希"热流"以及迪奥"快乐之源"的塞尔日·曼索；大卫杜夫"回音"的设计师卡里姆·拉希德等著名香水瓶设计师接连登场。

尤其是在皮埃尔·狄能德隐退之后，法比安·巴隆被认为是其最有力的后继者。其作品吉尔·桑达的"吉尔·桑达同名男士香水"、莲娜丽姿的"晨曦曙光"等以未来性、结构性画风而为世人所称道。

另一方面，时装设计师们也开始活跃于香水界。以凭借一款100%塑料材质、血红色卡式录影带瓶身设计的古驰"狂爱"而惊艳世界的汤姆·福特为代表，众多时装设计师在设计自身品牌香水的同时，也专注于瓶身的设计。这一现象在当时也已司空见惯。城市高楼"峡谷"间，一朵罂粟花一枝独秀，这是高田贤三的香水"一枝花"的瓶身设计。经过麻利切割处理的金属块中间，一颗红心怦怦跳动，这是"红心王国"。各式各样的香水瓶鲜明地传达着品牌以及设计师的香味信号。

就这样一路呼啸着迎来了新世纪。新世纪之初，原本以玻璃为主的香水瓶材质开始加入了塑料、金属、橡胶等新元素。

　　另外，类似于"保罗史密斯同名女士"、娇兰"瞬间"等色彩缤纷、光彩夺目的香水瓶造型也有所增加。

　　像 Objet 那种奇幻摩登设计增加的同时，"安娜苏甜蜜梦境"手拎包造型、"安娜苏我爱洋娃娃"梦幻人脸设计等也成为一大流行新趋势。

　　詹妮弗·洛佩兹"闪亮之星"如女友肌肤般的香水瓶触感、芙蓉天使"爱你"的八音盒香水瓶听觉，各类寻求感官刺激的趣味创意博人眼球。

　　接下来，又会有怎样的设计盛宴等着我们呢？

92 香水的命名（1）
——传达香味信号

香水界流传着这样一种说法：没有什么事比香水命名更困难。

如果是一般消费品，食物就宣传美味和营养，家用电器就宣传性能和便捷性，命名的关键在于是否简单明了地将符合消费者需求的优点反映出来。

而香水的命名则需要让人眼所看不见的香味印象饱满立体起来，准确地传达出香味信号。换言之，就是要感性地释放魅力讯号，能够引发冲击力和反响。

因此，最流行的命名方式是冠以品牌名称或设计师姓名的命名法。

这种命名方式既能简单易懂地传达出香味信号，又具有简化国际商标登记难度的一大优点。

与此相对的一种命名方式是根据香味印象命名。迪奥的"毒药（Poison）"、圣罗兰的"鸦片（Opium）"、香奈儿的"利己主义者（Egoiste）"等几款名香的命名都极具冲击力。

其他还有许多香水的命名也都极具个性，令人印象深刻。

香奈儿魅惑（Allure）

纪梵希爱慕（Amarige）：爱（amour）+结婚（marige）的合成词

薇薇安·韦斯特伍德密室（Boudoir）：贵妇的闺房

葛蕾倔强（Cabochard）

卡朗洛可可之花（Fleur de Rocaille）：石中花

雅诗兰黛情迷（Spellbound）：恋爱咒语

阿莎罗欧拉拉（Oh La La）：哎呦

莲娜丽姿幸福女人（Deci Delá）：这里、那里

迪奥魅惑（Addict）：上瘾

古驰狂爱（Rush）：慌忙；麻药般的快感，难以克制的高昂情绪

其中也不乏耐人寻味的杰作。例如三宅一生的"一生之水"。香水名的发音同时引发人们对古希腊大诗人荷马以海洋为舞台背景的叙事诗主人翁英雄奥德赛（名字谐音）、水以及三宅一生本人三重形象的联想。

当你看到有趣的香水名时，还请记得翻开字典查一下它的意思，你会发现别样的乐趣。

93 香水的命名（2）
——从香水命名看时代变迁

看新生儿命名排行榜的时代变迁，是一件颇有意思的事情。四、五年前位居榜首的名字今年突然从榜单上消失了，头一回听说的稀奇名字不知从哪里冒了出来。从这些变迁中，我们可以感知各个时代的特点。

香水的命名往往也反映着当时的时代背景。

20 世纪初期，娇兰敏锐地察觉到当时风靡欧洲的"日本趣味"，推出了"蝴蝶夫人"。紧跟其后的"夜间飞行"则是因一部《小王子》而名声大噪的作家圣埃克苏佩里推出的同名小说引发了热议，为致敬作者而打造的一款香水，与此同时，也反映出了当时人们对航空飞行器的憧憬与向往。

第二次世界大战结束后问世的皮埃尔·巴尔曼"绿风"、莲娜丽姿"比翼双飞"，开启了通往和平世界的希望之门。

随后问世的罗莎"罗莎夫人"、爱马仕"驿马车"则顺应时代追求优雅的风尚，命名多给人以格调高雅的印象。

20 世纪 70 年代起，女性开始参与社会活动，到了 20 世纪 80 年代，女性之花大放光彩。与雅诗兰黛"美丽""白麻"、芝恩布莎"原版白玫瑰"等浪漫香水名并行的是迪奥"毒药"、圣罗兰"鸦片"等骇人命名，这些香水名无不象征着讴歌自由的女性形象。

值得一提的是善于巧妙搭建时代关联性的卡文克莱，其预言时代发展的命名战略同香水本身的怡人香味里应外合，推出的香水时常大获成功。

在单身酒吧盛行猎艳的 20 世纪 80 年代中期，卡文克莱推出了"激情"。而之后又在艾滋病威胁开始出现蔓延迹象时发布了"永恒"，成为销量冠军。

20 世纪 90 年代初期，卡文克莱敏锐地捕捉到当时人们对减压的愿望，呼吁"逃避"现实社会。1994 年推出的情侣共享香水"唯一"，意为共同分享同一世界，因在全球范围内引起共鸣而备受追捧。

到了 1997 年，卡文克莱情侣香水"矛盾"问世，直击人类社会本质。

2000 年，又推出了"真理女士"，传达出男女间尽管矛盾重重却依旧不懈追寻永恒的美好祝愿，将希望寄托于新世纪。

94 时代公认的女人味（1）
——20 世纪 50 年代后的香水变迁史

香水被称为"反映时代的一面镜子"。

如果我们追溯每个时代的超人气香水，一幕幕刻画时代背景和理想女性画像的画布就会映入眼帘。让我们一起来回顾一下战后到现在的这段历史吧。

20 世纪 50 年代：在战后混乱期，为了给予寻求新生活的女性以灵感，充满生机活力的新香调登上香水舞台。

1945 年宝格丽发售的植物花香调"绿风"，香水如其名，香味宛如一阵清风拂过草原，将活力带给战争中饱受疾病摧残、疲惫不堪的心灵。当前市面上销售的"绿风"是 1980 年版本，香味中强化了花香成分。1948 年莲娜丽姿发售的"比翼双飞"，以其柔和弥漫的花香，点燃人们心中的希望灯火。香水瓶由莱俪公司专门设计制造，两只白鸽点缀下的优雅香水瓶传达出对世界和平的祈祷，因而备受赞扬。让女性重拾柔美女人味的"迪奥小姐"也博得不少人气。

20 世纪 60 年代：战后复兴告一段落，温饱之后，人们开始寻求优雅和精致。

诞生了以格蕾丝·凯利的形象为原型的"罗莎夫人"、爱马仕"驿马车"以及香味清爽的迪奥"迪奥之韵"等香味柔和优雅的香水。

20 世纪 70 年代： 当时，全世界都在呼吁生态保护，回归自然的意愿高涨。年轻人反体制运动、女权运动时有发生。

全方位重新审视现有价值观，追求自由和变化的时代动向也反映在了时装领域。正是在这个时代，T恤和牛仔裤获得了"市民权"。

同样地，在香水领域，呈现自由形象的绿色清新路线香水迎来了全盛期。

香奈儿 19 号、爱马仕"亚马逊"、迪奥"蕾拉"等香水表现了英姿飒爽的新女性形象。或许是出于反叛，70 年代后期，浪漫的化身——拉尔夫·劳伦"浪漫相随"、卡夏尔"安妮"相继登场。

20 世纪 80 年代： 泡沫经济席卷全球的时代。女性的生活形象重点也由原先的浪漫逐步转向撩拨人心的女人味。圣罗兰"鸦片"、香奈儿"可可小姐"等辛辣的东方香型香水，圣罗兰"巴黎"、比华利山"乔治"等散发带挑逗意味甘甜香气的花香型香水受到消费者的喜爱。而将这一时代特性发挥到极致的是迪奥"毒药"。

95 时代公认的女人味（2）

——代言时代的香水

20 世纪 90 年代：泡沫经济破灭和科技革命的迅猛发展使得人们倍感焦虑。为了帮助人们短暂逃离日常生活压力，卡文克莱"逃避"、宝格丽"绿茶"、三宅一生"一生之水"、阿玛尼"寄情水"等治愈系香水应运而生。

与此同时，全球化进程日益加剧，卡文克莱"唯一"以其世界共同体的理念大获追捧，中性香水也因此饱受称赞。

21 世纪初期：新世纪伊始之际，香水开始回归女人味。以浓郁的花香为基调，混合了令人心荡神驰的甘甜水果香料和刺激辛辣香料的魅力香水占据主流。

比如：纪梵希粉红魅力、娇兰瞬间、香奈儿邂逅、雅诗兰黛霓彩伊甸、古驰经典同名二代、宝格丽碧玺、爱斯卡达触电迷香、阿玛尼感受等。

时代的钟摆似乎开始回归香水的原点——诱惑。

96　天然香水的制作

——一波三折的香皂味香水调制经历

在开发一款香水产品的过程中，会遇到各种各样的难题。

这是我在为日本某著名男装品牌开发香水时的经历。客户公司设计师的理念要求是"香皂味"。因为他在上小学的时候，曾经有一次经过院子，闻到了正在洗衣服的母亲背后散发出一阵香皂的清香，所以才提了这么一个要求。

他对我说，很多香水产品香味闻着都大同小异，请按照法国马赛港市面上销售的香水产品所用的古老制法，开发一款柑橘系"马赛香皂"味香水。

如果有样品事情就会简单很多。所以在和法国调香师经过几轮沟通之后，我提供给对方几款还原了客户要求的香皂味香水备选方案。然而，调制出来的味道没有一款符合客户需求的香味印象。

经过几轮试错之后，在柑橘系"马赛香皂"味的基础上，外加柔和的植物花香调作为佐助香味的提案最终得到了认可。

实际上，那位设计师所说的香皂味其实是温暖柔和的母亲与安定难忘的孩提时代双重形象记忆的叠加产物。

97 透过香水看国格（1）
——法国、意大利、德国、英国

　　不同的国家，饮食、习惯不同，对香味的喜好也不同。根据市场调研公司、香料公司的调查资料，我试着整理了一下各个国家的香水市场情况。

　　● **法国**

　　"喜欢华丽优雅的香味"

　　以香奈儿、娇兰、迪奥、圣罗兰等为代表的法国传统品牌在香水界占据压倒性优势。不过，也不乏活跃着像高缇耶、凭借"天使"崭露头角的蒂埃里·穆勒等新秀品牌的身影。即便是前卫女性，也只认对的不认贵的，只要是好东西都能欣然接受，这种法国式的灵活和度量着实让人佩服。

　　● **意大利**

　　"艺术之邦中意漫不经心、优雅的香味"

　　意大利，一个看似摩登实则古典的国度。正统派香水的市场地位坚不可摧。据说，女性一般比较喜欢既能显示存在感又温柔可人的甜蜜花香调，男性一般比较倾向于清爽、芳香四溢的香味。大家只要对照一下摩登而又带着几分古典、随意却又不逾矩的意大利时装，或许就容易理解了。

● 德国

"张弛有度的用香之道"

摩勒沃兹"4711 原始古龙水"是一款很传统的香水。最近，大卫杜夫、雨果博斯、吉尔·桑达、爱斯卡达、苏珊·塔巴克、乔普等品牌也开始在国际舞台活跃。

据说，德国人不喜欢随波逐流，喜欢的香水会一直用，而且，白天用漫不经心的香味，傍晚 5 点以后换成性感的香味是德国人用香水的一大乐趣。

● 英国

"钟爱传统香味"

或许是因为在英国盛行芳香治疗和园艺，传统的英国人喜欢薰衣草、玫瑰等单一香味。香水也倾向于选择简单自然的香味。但与此同时，又有很多喜欢浓郁东方香型的热衷粉。我想这或许是受昔日的殖民地印度、中近东的影响吧。

98 透过香水看国格（2）

——西班牙、美国、日本

● **西班牙**

"热情国度竟然喜欢高冷的香水"

斗牛、卡门、吉普赛歌舞，本以为像西班牙这样的国度应该喜欢热情、充满异域风情的香味，结果我大错特错了。似乎绝大多数的西班牙人都喜欢香味清爽的香水或者花香型香水，香味浓郁的香水并没有想象中那么受欢迎。

尤其是法国产的"罗莎之水"，1970 年发售以来，从未从冠军的神坛上下来过。清爽的香味令人联想到西班牙的天空和巴伦西亚的柑橘。

● **美国**

"主流香味特点：轻快、浪漫、舒畅"

美国的香水消费量将近占世界总消费量的 50%。但他们的香水喜好和欧洲大不相同。

主要倾向表现为男女都喜欢活泼有趣、令人愉悦的香味。

这似乎深受美国人与生俱来的乐天、不拘小节的气质影响。即便是香味清淡的香水，他们也倾向于选择扩散性强、持续时间久的香水。

另一大特点是旗下拥有雅男士、倩碧等品牌的雅诗兰黛市场份额占据压倒性优势。

● 日本

"对能够反映出日本人感性特质的香水文化抱有期待"

日本人一方面很认牌子，一有新产品推出就蜂拥而上，但另一方面，历史悠久的日本独立香水文化一脉相承，直至今日依然影响着日本消费者。

女士喜欢清新的花香型，男士则以清爽路线为主。不论男女都喜欢清淡的香味。不过最近，越来越多的人开始根据 TPO 专门使用存在感强的香水。

不过，我觉得是时候该培养一款能够触及日本人感性神经的"和式香水"了。

99 香水奥斯卡：FIFI奖

——香水界的奥斯卡奖

"FIFI奖"由香水基金会主办，是为表彰香水行业在售的优秀作品而设立的奖项，每年评选一次，相当于香水界的奥斯卡奖。

FIFI奖设立于1972年。奖项的评选过程需要经过香水基金会全体会员以及香水零售商的严格投票，首先在众多香水中选定几款作为候选，然后再进行二轮投票选出当年最具人气的香水，进行表彰。

具体奖项根据香水产品细分为年度最受欢迎女香、年度最受欢迎男香、年度最具声望、奢华奖等（高端品牌和大众品牌），根据商品种类分为香水和化妆品，根据销售渠道分为百货商场和香水专卖店，另外，还细分出年度最佳媒体宣传、年度最佳包装等奖项。

1993年起新设立了欧洲地区奖项。对象国家为法国、意大利、德国、英国、西班牙五个国家。评选方式基本一致。

香水基金会是1949年在纽约成立的一个非盈利教育信托基金组织。成立目的是为了向一般民众广泛普及香水创作和制造的相关知识，加深人们对香水魅力和作用的理解。

全美香水、化妆品公司以及香料公司及其相关公司几乎都加入了基金会，基金会依托各加盟公司的捐款运营工作。

基金会活动除FIFI奖以外，还包括开展香水导购员培训及资质授予活动，主办每年6月份的全美百货商场香水周活动，组织销售门店教育、香水讲座、消费者教育活动，和大学及研究机构共同开展研究并出版研究成果等各类活动。

我曾经询问过当时的基金会会长安妮特·格林尼先生"FIFI"一词的含义，他说单纯只是一个爱称而已，并没有特别含义。

今天，美国的香水消费量几乎占到全球总消费量的50%。但是据说在50年前，美国民众对香水的关注度并不高，香水产业也一度低迷，刚好和20世纪80年代的日本情况是一样的。

这让我再次感受到了香水基金会在普及香水的活动中所发挥的巨大作用。

在本书的末尾，我附上了历年 FIFI 奖主要奖项获奖名单。从每年的获奖香水中，我们可以窥见那个时代的特质，非常有意思。

100 一眼看准香水流行趋势
——国际免税品展、法国戛纳

"国际免税品展（Tax Free World Exhibition，简称 TFWE）"是世界最大的免税品展览会。每年 10 月，在法国南部的戛纳举行约为期一周的展会。

顾名思义，国际免税品展是集结了世界各地免税店在售的香水、化妆品、首饰、烟酒、巧克力等各类高端杂货、收藏品的大型展览会。

会场就设在大家所熟悉的戛纳国际电影节主会场卢米埃尔宫。因台阶底下的石板上印有历代明星的手印而闻名。

由于这是一次给明年的整体贸易形势定基调的重要展览，所以各家公司都拼尽全力将自己的新产品往里送。每个展厅都经过了精心的装饰，努力像消费者传达品牌形象和商品亮点。会场里汇聚了来自世界各地的商社、进口商、咨询顾问，所以当场就能谈成买卖。

20 年来，我每年都会过去转转，展会对研究香水流行趋势很有参考价值。

LESSON

9

关于香水的
其他疑问

101 香水的禁忌

——餐桌、追悼会上

这个问题问得最多。杂志上经常会写这方面的内容，可能是因为大家最关心这一块。

不过，仔细一问，肯定都是想问吃日本料理，尤其是在吃高级料理、寿司的时候应该注意什么，而不是法国料理、意大利料理，或者中华料理之类的。

在细细品尝日本料理细腻的香味和口感时，或许才会注意到香水的味道。每当这个时候，我总是深感日本文化的深邃。

不过有时候我又在想，该不会是自己多虑了吧。如果对方这么介意香水的味道，那体臭、汗臭味、烟味怎么办？

或许是因为对方临出门时才喷的香水，前调味道太重，或者单纯因为喷多了才尴尬的。

为了不无缘无故地被误解，还是在后调期间过去日料店吧。

另外还有一个问题出乎我的意料，问的人也非常很多：参加追悼会时应注意什么？提问者们都很担心自己如果用了不恰当的香水去参加追悼会，会让沉浸在悲伤中的家属以及其他来的人觉得自己很不谨慎。

102　敏感肌能用香水吗？

——注意不要直接接触皮肤

当然可以！

患有严重特应性皮炎或者过敏体质的朋友在用香水的时候要多加注意，但只要不直接接触皮肤，就不会有大问题。

如果是轻度患者，可以先试着在手腕内侧等敏感部位喷抹少许，2 个小时以后如果没有发痒、起疹子，就可以直接抹在皮肤上。

较便捷的方法是先喷在皮肤接触不到的衣服衬料，或者裙摆、裤摆上，干了以后再穿上身即可。大约需要等上 10 分钟。如果比较着急，可以喷完以后马上用熨斗熨干。另外，白色或浅色料子的衣服容易留印，需要稍加注意。

虽然目前香料的使用受到国际日用香料香精协会（IFRA）的严格管控，对人体有恶劣影响的香料被禁用了。但即便如此，每个人的情况都各有不同，所以还是需要特别注意的。

103 白天夜晚想用不同的香水怎么办?

——能不能几款香水混着用?

同时混用两款以上香水当然是不明智的。

众所周知,一款香水通常由 30~50 种香料混合调制而成,其中有个别香水使用的香料数量甚至达到 100 种以上。而且,每种香料的配比是由接受过多年专业训练、熟悉香料性质的调香师决定的。香水是调香师在经过无数次试错之后,创造出来的香味状态最和谐的艺术品。因此,如果混用香水的话,很可能会破坏香水本身的艺术平衡性。

原则上来说,白天和夜晚用不同的香水时,需要先冲一遍澡,把白天的香水冲洗掉。当然,这只是理想的情况。繁忙的现代生活哪容得下这般讲究。白天的香水抹上以后超过 5 个小时一般就没什么问题了。因为后调残留下来的香料即便比例有所不同,基本也是同类型的香料。

不过,这种情况最好还是要注意白天用的香水要比夜晚的柔和。因为反之可能会破坏夜晚用香水的香味平衡。

104　这个味道能去除吗?

——这段时间老爸身上有股奇怪
的味道……老妈也是……

恐怕二老都有点"加龄臭"吧。

加龄臭,简言之,就是随着年龄的增长,身体代谢能力逐渐下降,汗液在体内过氧化,形成异味,也就是我们闻到的奇怪的味道。

当然,每个人的情况以及异味的浓烈程度不尽相同,一般来说,不论男女都是在 40 岁左右开始出现加龄臭。有人开玩笑说是"乳臭未干",也有人说是油腻味,总之很难形容。

在过去,这种味道也叫"老人臭"或"老人味"。家人或身边的人虽然多多少少会注意到,但也没什么办法。加龄臭真正被推到聚光灯下,是在 20 世纪 90 年代初期,大众传媒一齐进行了集中关注。

恰逢当时,卡文克莱的"唯一"在日本掀起一阵香水热潮,同时,人们甚至略带畸形地格外崇尚个人清洁。

为了弱化加龄臭,可以采取以下这些办法:首先要勤换内衣裤,不要一直穿同一身衣服,穿过的衣服挂起来通通风等。

同时,用香水覆盖一下。只要味道不是特别大,基本上都能用香水覆盖住。

男女最佳推荐都是混合了柑橘、柠檬、西柚等香料的柑橘系香水。

柑橘系香水具有预防腥味、异味的良好功效。大家可以想象一下洗指钵。在挤入了柠檬汁的温水里泡一下手指,螃蟹、虾的腥味就会消失。

　　不过，柑橘系香水的持续时间较短，需要每隔 3~4 个小时补喷一回。

　　另外，含有清爽的木质香料，或薰衣草、迷迭香等清新草本香料的香水也是理想之选。这几类也需要间隔 5~6 个小时补喷一回。

　　曾经向我咨询过的顾客们都反映说用过这几种香水后加龄臭就闻不出来了。我很高兴能帮助到大家。

　　如果光靠香水无法覆盖加龄臭的话，可以搭配防臭剂一起使用。当然防臭剂最好不要选择带甜味的，还是柑橘系或者无味的比较好。加龄臭主要集中在腋下等长有体毛的部位，以及胸部、背部中间位置，所以这几个部位需要重点喷防臭剂，然后再抹香水。防臭剂的效果通常能持续 10~12 个小时。

105 如何覆盖加龄臭？
——首选清爽柑橘系香水

如果让我推荐有覆盖加龄臭效果的香水，我会列举以下几种：

男女通用：首选清爽柑橘系香水。

摩勒沃兹 4711 原始古龙水、卡文克莱唯一、帕高同名香水、爱马仕橘绿之泉古龙水、宝格丽绿茶、伊丽莎白雅顿绿茶、爱马仕地中海花园、莱俪玻璃之水等。

女士用：推荐柑橘系或味道清淡的植物花香调（参考 59 页）香水。

香奈儿水晶恋、倩碧快乐、雨果博斯红雨、莎娃蒂妮真情流露、香奈儿 19 号、葛蕾歌宝婷、迪奥绿毒等。

男士用：推荐柑橘系或带草本、木质香料效果的香水。

迪奥清新之水、大卫杜夫冷水男士、浪凡悠氧男士香水、卡文克莱永恒男士、高田贤三风之恋、思琳同名男士香水、倩碧快乐男士、阿莎罗清新橙香等。

106 特别喜欢年轻活力的香气怎么办?
——挑香水分年龄层吗?

香味喜好是很主观的东西,所以一般不需要拘泥于年龄。

比如总是容光满面的人倾向于选择年轻有活力的穿衣风格,但也有人年纪轻轻却喜欢深色,穿衣打扮显得很稳重。可能是顾及职业、身份等因素,但说到底还是个人喜好问题。

考虑到用自己不喜欢的香水会坐立不安、影响情绪这一层心理因素,大家在选香水的时候最好还是根据自己的喜好,选择自己觉得适合的香水。

最近,年长的女性喷很有活力的香水,年轻女孩儿身上飘着存在感很强的香水味,这样的现象也很常见。不过,只要衣服搭配得好就不会有任何违和感。

如果说时装是肉体的装饰,那么香水就是心灵的装饰。建议大家不要过于拘泥于年龄,优先考虑自身喜好,自信最重要。

107　喜欢个性的香气

——新手是不是应该用"中规中矩的香水"？

杂志、入门书里经常会有这样的说明："新手要用淡一点的香味""首先选一瓶中规中矩的花香型香水"等。其实不能一概而论。

或许是出于善意的考虑，不想让新手因为失败的尝试而失望。但是，有人喜欢清爽的香味，有人则喜欢甘甜浓郁的香味。香味喜好和美食、时装是一样的，萝卜青菜，各有所爱。

当人们抹着自己喜欢的香水时，会有一种莫名的幸福感，心情会变得平静，产生积极向上的情绪。相反，如果抹着自己厌恶的香水，就会坐立不安，严重时甚至会恶心想吐，产生消极情绪。

因此，最重要的是选择自己喜欢的香水。正因为是第一瓶香水，更要是自己喜欢的。所以，从选一瓶自己喜欢的香水开始吧。

108 香水的保存方法
——不用的香水，丢了又觉得可惜

香水有保质期吗？

有人说香水是有生命的。因为香水中混合了天然香料、合成香料等各种各样的香料，所以每天都在发生着我们肉眼看不到的变化。

● **香水保存方法**：最理想的保存场所是阳光直射不到的阴凉处。如果是几乎每天都在用的香水，可以摆放在梳妆柜、洗脸台上。如果不嫌麻烦，每回用完后收进化妆箱里就更好了。

● **保质期**：从开封使用开始算起，喷头式香水一般是一年左右，沾抹式香水一般是半年左右。当然，只要没变质，过了保质期也能继续使用。不过敏感肌、过敏体质的朋友需要先在手腕内侧抹一点，过1个小时之后确认一下是否出现异常情况，再判断能否继续使用。

● **不用的香水**：装回包装盒里，哪天想用了再拿出来。不过，如果放了一年左右都没有再拿出来用，就处理掉吧。如果很喜欢香水瓶的设计，舍不得扔，就作为收藏品吧。另外，用来喷卫生间的毛巾、浴缸或者进门玄关处也是不错之选。

109 "追风用意"
——学学平安时代的风雅

日语里有一个很美的成语叫"追风用意"，意思是两袖飘香。

"追风用意"一词源于日本平安时代，当时还没有香水，达官贵族们为了使自己经过的时候留下余香，喜欢通过焚香对衣物进行香薰。

据说当时的人们还会用沉香、檀香、肉桂等材料自制香料，然后对和服进行香薰，或者做成香包，挂在腰带上。

为了对和服进行香薰，人们会专门使用一种叫香笼的工具。

先在香炉里焚香，再把一个形状类似于竹篓的香笼罩在上门，然后把十二单①等衣物铺在上面，让香味吸收进衣物中。

据《源氏物语》记载，当时，香薰衣物不仅对于女性，对于宫廷里的男性来说也是教养的一种体现。

看来，过去的日本人比现代人更注重香味。

注：①平安时代以后宫廷女性礼服的
后世俗称，在单衣和裙裤之上再
穿 12 件长夹褂。

after school
卷末指南

香水家谱的代表作

家族 （香型）	家庭	代表香水
花香型 Floralnote	植物花香调 FLORAL GREEN	巴尔曼绿风、香奈儿 19 号、葛蕾歌宝婷、迪奥绿毒、资生堂禅
	水生调 FLORAL OZONIC	卡文克莱逃避、三宅一生一生之水、阿玛尼寄情水、大卫杜夫冷水女士、卡罗琳娜·海莱拉 212 冰风暴、罗莎蓝海珍珠
	水果花香调 FLORAL FRUITY	雅诗兰黛美丽、秘制配方花萼、圣罗兰巴黎情窦、迪奥真我、杜嘉班纳浅蓝、爱斯卡达触电迷香、安娜苏我爱洋娃娃、民族风俗香调亮采、古驰经典同名二代
	清新花香调 FLORAL FRESH	迪奥之韵、纪梵希之水、高田贤三叶子、兰蔻璀璨珍爱、汤米·希尔费格同名女士、古驰嫉妒、莲娜丽姿晨曦曙光、卡罗琳娜·海莱拉 212、倩碧快乐、拉尔夫·劳伦罗曼史、兰蔻奇迹、浪凡光韵、罗莎洋娃娃
	普通花香调 FLORAL FLORAL	让·巴杜喜悦、莲娜丽姿比翼双飞、圣罗兰巴黎、卡文克莱永恒、兰蔻璀璨珍爱、卡朗爱我、高缇耶易碎品、爱马仕鸢尾花、高田贤三一枝花、娇兰樱花、莱俪柔吻、马克·雅可布微温、詹妮弗·洛佩兹故我、纪梵希粉红魅力、雅诗兰黛霓彩伊甸
	柔和花香调 FLORAL ALDEHYDIC	香奈儿 5 号、浪凡琶音、罗莎夫人、爱马仕驿马车、圣罗兰左岸、芝恩布莎原版白玫瑰、雅诗兰黛白麻、爱马仕之香、杜嘉班纳同名男士
	甜蜜花香调 FLORAL SWEET	迪奥毒药、宝诗龙同名香水、唐娜·凯伦同名女士、尼歌斯雕塑精致花朵、卡文克莱冰与火、雅诗兰黛我心深处、宝格丽蓝茶、爱马仕胭脂、思琳同名女士、古驰经典同名一代、娇兰瞬间、兰蔻引力、菲拉格慕同名女士香水、博柏利风格、倩碧简约

东方香型 Orientalnote	东方琥珀香调 ORIENTAL AMBERY	娇兰一千零一夜、卡文克莱激情、娇兰圣莎拉、香奈儿魅力、洛丽塔同名香水、香奈儿邂逅、阿玛尼感受、爱马仕橘采星光
	东方辛辣香调 ORIENTAL SPICY	珍蒂毕丝凡尔赛舞会、莱俪玻璃之水、圣罗兰鸦片、香奈儿可可小姐、阿莎罗欧拉拉、萧邦疯摩、圣罗兰赤裸、唐娜·凯伦黑色羊绒、宝格丽碧玺
西普香型 Chyprenote	西普果香调 CHYPRE FRUITY	科蒂西普、娇兰蝴蝶夫人、罗莎女士、圣罗兰 Y、阿莎罗同名香水、圣罗兰醉爱、莲娜丽姿幸福女人、迪奥快乐之源、让·巴杜恒久喜悦、古驰狂爱、阿莎罗同名女士香水
	西普动物香调 CHYPRE ANIMALIC	迪奥小姐、吉尔·桑达同名女士香水二代、纪梵希依莎提斯
	西普皮革香调 CHYPRE LEATHERY	葛蕾倔强、香奈儿俄罗斯皮革、吉尔·桑达同名女士香水三代、山本耀司必不可少
	西普木质香调 CHYPRE WOODY	芝恩高堤耶胡荽、古驰经典同名三代、雅诗兰黛尽在不言中、川久保玲同名香水
	西普植物香调 CHYPRE GREEN	雅诗兰黛爱丽格、阿玛尼同名香水、莎娃蒂妮真情流露
	西普柑橘香调 CHYPRE CITRUS	摩勒沃兹 4711 原始古龙水、香奈儿水晶恋、罗莎之水、宝格丽绿茶、卡文克莱唯一、帕高同名香水、高田贤三水之恋

"FIFI 奖"主要奖项获奖名单

（2007~2017 年"FIFI 奖"主要获奖香水，个别奖项空缺。）

年度最受欢迎女香

2017 年　爱莉安娜·格兰德甜如蜜糖

2016 年　维多利亚的秘密永远性感

2015 年　泰勒·斯威夫特不可思议

2014 年　维多利亚的秘密同名女士

2013 年　贾斯汀·比伯女朋友

2012 年　1. 海蒂·克拉姆

　　　　　2. 哈勃 & 斯塔斯血色百合

2011 年　卡罗尔的女儿玛丽布莱姬 - 我的人生

2010 年　哈莉·贝瑞

2009 年　1. 美国丽人

　　　　　2. 维多利亚的秘密性感尤物 - 黑夜

2008 年　贝克汉姆亲密爱人女士

2007 年　（空缺）

年度最受欢迎男香

2017 年　原生企鹅至尊

2016 年　诺蒂卡生活能量

2015 年　香蕉共和国现代男士

2014 年　维多利亚的秘密非常性感铂金版男士

2013 年　詹姆斯·邦德同名

2012 年　1. 丽诗加邦曲线魅力男士

　　　　　2. 伊夫黎雪绿色清曦男士香水

2011 年　1. 雅芳荷芙妮格男士香水

　　　　　2. 香蕉共和国典藏男士香水

2010 年　1. 维多利亚的秘密摇滚爱恋

　　　　　2. 安东尼奥·班德拉斯黑色诱惑

2009 年　蒂姆·麦格罗同名

2008 年　1. 贝克汉姆亲密爱人男士

　　　　　2. 雅芳黑色德瑞克基特

2007 年　（空缺）

年度最具声望女香

2017 年　圣罗兰我的巴黎（反转巴黎）

2016 年　马克·雅可布堕落（颓废）

2015 年　阿玛尼挚爱女士香水

2014 年　雅诗兰黛摩登缪斯女神

2013 年　马克·雅可布瓢虫波点

2012 年　汤姆·福特金色紫罗兰

2011 年　古驰罪爱（原罪）女士

2010 年　马克·雅可布萝拉

2009 年　原宿娃娃系列

2008 年　马克·雅可布小雏菊

2007 年　橘滋同名女士

年度最具声望男香

2017 年　约翰·瓦维托斯蓝色海洋工匠

2016 年　迪奥旷野

2015 年　迪奥桀骜之水

2014 年　拉尔夫·劳伦红色马球

2013 年　汤姆·福特黑色

2012 年　古驰罪爱（原罪）

2011 年　（空缺）

2010 年　汤姆·福特灰色香根草

2009 年　吹牛老爹我是国王

2008 年　杜嘉班纳浅蓝男士

2007 年　（空缺）

年度奢华女香

2017 年　汤姆·福特白日

2016 年　汤姆·福特黑色女士

2015 年　汤姆·福特天鹅绒兰花

2014 年　阿玛尼沙漠魅诱瑰香

2013 年　巴黎世家花之密语

2012 年　（空缺）

2011 年　巴黎世家同名女士

2010 年　邦 9 号阿斯特坊

2009 年　1. 蔻依同名淡香精

　　　　　2. 汤姆·福特私家调配极致黄兰花

2008 年　普拉达鸢尾花（艾丽斯）

2007 年　高田贤三爱慕

年度奢华男香

2017 年　汤姆·福特绿色焚香

2016 年　汤姆·福特威尼斯佛手柑

2015 年　汤姆·福特阿玛菲柑橘

2014 年　汤姆·福特左岸琥珀

2013 年　帕尔玛之水乌木古龙水

2012 年　汤姆·福特胭脂茉莉

2011 年　汤姆·福特蔚蓝酸橙

2010 年　汤姆·福特白麝香

2009 年　博柏利动感节拍男士

2008 年　阿玛尼巴比伦香根草

2007 年　爱马仕大地

后　记

"欧美的时装、化妆品等品牌在日本的渗透度极高，可为何香水却卖不动呢？"一名从事香水贸易的欧美朋友向我问了这么一个质朴的问题。

答案显然不是因为日本没有用香文化。

平安时代的雅士们会自己调制香料，用来香薰和服，或者通过闻香愉悦心情。小说《源氏物语》中，就有关于人们用香的场景描写。

另外，日本特有的用香文化——香道，和茶道、花道一样，在室町时代蓬勃发展，直至今日依然脉脉相传。

在日常生活中，日本人也喜欢根据季节享受用香的乐趣。比如为了丰富沐浴时光，会泡菖蒲澡或柚子澡，做料理的时候会添加树木嫩芽、橙皮、紫苏等香料，喜欢香鱼、略带清香的新米等。

那么究竟为何香水在日本难以渗透呢？

我认为其一是因为日本人没有直接把香料抹在皮肤上的习惯，其二是因为日本人不喜欢强烈主张个性的香味。

不过，最近，人们开始慢慢了解到，根据香水喷抹的位置以及时机等情况，香味未必会很浓烈，另外，不是所有的香水都个性鲜明，也有日本人喜欢的清淡、雅致的香味。

此外，大家也开始了解到香水具有芳香心理学效果。而且符合日本人香味喜好、专门针对日本人开发的原创香水也逐渐增多了。

　　和时装一样，香水的流行趋势也同样日新月异，发生着剧烈的变化。接下来又会有怎样的香水问世呢？香水又是被装进怎样的香水瓶中和大家见面的呢？我兴致勃勃地期待着。

　　在此，谨向在本书出版之际，向给予我大力支持的日本学习研究社滨田正和先生、图书主编十鸟文博先生表示由衷的感谢。另外，也感谢在执笔期间悉心照料并默默支持我的妻子——幸子。

快读·慢活®

《你不懂咖啡》

咖啡爱好者入门必读经典!

　　喜欢喝咖啡的你，真的了解咖啡吗？从一颗粗砺的咖啡豆到一杯美味的咖啡，中间隐藏了多少让我们万万想不到的秘密呢？

　　"全日本咖啡协会会长奖"得主石胁智广，化身理性、专注又不失风趣的科学怪人，带你穿过咖啡的表面，去探究隐匿在现象背后的成因，品咂工序细节里的趣味，在异彩纷呈的咖啡世界里为你精准导航，从产地品种的"冷知识"、烘焙萃取的"微原理"到各类咖啡器具的使用诀窍，甚至连小小的包装袋也一点点抽丝剥茧、娓娓道来，是一本真正有料、有趣还有范儿的咖啡知识百科。

　　无论你是爱喝咖啡的人，还是想开咖啡馆、当咖啡师的人，这本书都是必读的入门首选！

快读 · 慢活®

《你不懂葡萄酒》

有料、有趣、还有范儿的葡萄酒知识百科

　　醒酒究竟有没有必要呢？居然能用"猫尿"来形容葡萄酒的味道？品酒时该如何形容葡萄酒的香气？葡萄酒的年份真的是绝对的吗？一杯葡萄酒里究竟蕴含着多少知识与秘密？

　　日本一流侍酒师，教你喝懂葡萄酒！本书严选 10 种世界知名的葡萄品种，配上丰富手绘插图，介绍这 10 种葡萄的历史背景、产区、味道、个性，以及酿成葡萄酒后的风味特色、佐餐方式以及侍酒法等，带你探索香醇甜美的葡萄酒世界。

　　翻开本书，细细品读，你将更加懂得葡萄酒的乐趣与美好。

快读·慢活®

《你不懂巧克力》

有料、有趣、还有范儿的巧克力知识百科

　　甜蜜又略带苦涩的巧克力，是爱情的象征，也是深受人们喜爱的食品之一。然而，你究竟对它了解多少呢？

　　它的原料是什么？是如何被制作出来的？传闻中的"巧克力工坊"现实中长什么样子？它最初的产地在哪儿？又是如何风靡全世界的？巧克力有关的名人、故事、文学、电影作品有哪些……

　　本书满载巧克力的小百科知识，用图解的方式，以词典的形式，囊括巧克力的历史、相关名人、原料、制作方法、品鉴方法、品牌、职业等。极富趣味性地解读和巧克力有关的443个词汇，让喜爱巧克力的你，享受更丰富、更有味道的巧克力人生。

　　翻开本书，细细品读，你将更加懂得巧克力的乐趣与美好。

快读 · 慢活®

从出生到少女，到女人，再到成为妈妈，养育下一代，女性在每一个重要时期都需要知识、勇气与独立思考的能力。

"快读·慢活®"致力于陪伴女性终身成长，帮助新一代中国女性成长为更好的自己。从生活到职场，从美容护肤、运动健康到育儿、家庭教育、婚姻等各个维度，为中国女性提供全方位的知识支持，让生活更有趣，让育儿更轻松，让家庭生活更美好。